영재
사고력 수학
단원별 · 유형별
실전문제집

초등 3학년

KB215617

시대에듀

이 책을 펴내며

수학을 공부하는 과정은 때로는 어렵고 도전적이며, 많은 노력이 필요한 여행과 같습니다. 하지만 과정이 힘든 만큼, 이 여정을 통해 여러분은 논리와 창의력이라는 강력한 무기를 손에 넣게 될 것입니다.

이 책을 선택한 여러분은 수학에 더욱 깊이 빠지고 싶은 친구들일 것입니다. 그리고 영재교육원과 수학경시대회에 도전한다는 것은 큰 용기가 필요합니다. 그만큼 이 도전은 여러분의 한계를 시험할 수 있는 계기가 될 것이고, 나아가 자신의 가능성을 발견할 수 있는, 그 무엇과도 바꾸지 못할 소중한 기회가 될 것입니다.

이 책을 통해 여러분은 영재교육원과 수학경시대회에서 다루는 다양한 유형의 문제와 그동안 접하지 못했던 새로운 문제 유형들도 만날 수 있을 것입니다. 그리고 문제를 풀면서 여러분이 마주할 난관은 때로는 벅차게 느껴질 수 있지만, 그것을 하나씩 해결해 나갈 때마다 여러분은 더욱 단단해질 것입니다.

어려운 수학 문제들을 마주하는 것은 외롭고 고된 과정일 수 있습니다. 때로는 답을 찾지 못해 막막한 순간도 있을 것입니다. 하지만 바로 그 순간이 여러분이 성장하는 중요한 순간임을 잊지 마세요. 그리고 어려움을 이겨내고 한 단계 더 나아가는 과정에서 얻게 되는 성취감은 그 어떤 보상과도 비교할 수 없을 것입니다.

스스로 문제를 해결하는 힘을 기르는 것이야말로, 수학적 사고력과 창의성을 키우는 가장 좋은 방법입니다. 수학 문제를 푸는 과정에서 여러분은 더 깊은 사고를 하게 되고, 복잡한 문제를 간단하게 해결하는 능력을 얻게 될 것입니다. 이 능력은 단지 영재교육원이나 수학경시대회를 넘어서, 여러분의 삶에도 중요한 역할을 할 것입니다.

이 책을 마주하는 여러분의 목표가 단순히 답을 찾는 것이 아니라, 그 답에 이르는 과정에서 스스로 생각하고, 탐구하고, 새로운 방식을 발견하는 것이기를 바랍니다. 문제를 풀면서 느끼는 작은 성취감들이 쌓여 큰 자신감으로 이어질 것이며, 이는 여러분이 앞으로 해 나갈 다양한 도전의 원동력이 될 것입니다.

때론 어려움 속에서 얻은 깨달음이 더 큰 기쁨과 보람을 가져다줍니다. 그러니 이 문제집을 푸는 동안, 때로는 더디게 느껴지더라도 꾸준히 한 걸음씩 나아가세요. 여러분이 자신만의 해법을 찾고, 그 과정에서 성장하는 모습을 상상하며 이 책을 썼습니다. 여러분의 노력과 도전 정신이 어떤 결과를 가져올지 매우 기대됩니다!

끝까지 최선을 다해 문제를 풀고, 자기 자신을 믿고 나아가세요.
이 책이 여러분의 수학 여정에 든든한 동반자가 되기를 바랍니다.

저자 쿨사람수학연구소

수학경시대회 소개

🏆 한국수학경시대회(KMC)

기초 과학의 근간이 되는 수학 성취도를 객관적으로 평가하고, 이공계 우수 인재를 발굴 및 육성하려는 목적으로 한국수학교육학회에서 주최하는 전국 단위의 수학경시대회입니다.

초 · 중 · 고 학생을 응시 대상으로 하는 한국수학인증시험(KMC 예선)은 수학에 흥미를 가진 학생들이 본인의 수학 능력 점검 및 전국에서의 위치를 확인하고, 결과 분석을 통해 학습 전략을 재정립해 볼 수 있는 기회를 제공합니다. 한국수학인증시험 결과, 성적 상위 응시자는 한국수학경시대회(KMC 본선)에 진출하여 보다 심화된 서술형 문제를 통해 수학적 논리력과 창의력을 신장시킬 수 있습니다. 즉, KMC는 우수한 수학 영재를 조기에 발굴하여 국내 이공계 발전에 기여하고, 수준 높은 문제와 평가 도구를 제공하여 수학 교육의 발전에 기여하고자 합니다.

한국수학경시대회(KMC) 평가 항목은 계산능력, 이해능력, 적용능력, 문제해결능력입니다.

🏆 전국 수학학력경시대회(성대 경시)

글로벌 영재학회에서 주최하는 전국 단위의 수학경시대회입니다. 시험은 전 · 후기 연 2회 시행되며, 초등 수학경시대회 중에서 난도가 높은 편에 속하는 시험입니다.

문항은 개념적 지식, 절차적 지식, 추론능력, 문제해결능력 등 4개 영역으로 구분하며, 단순한 계산보다는 영역 간의 상호 관련성이 있는 문제가 출제됩니다.

🏆 전국 초등 수학 창의사고력 대회(교대 경시)

서울교육대학교 창의인재개발센터에서 주관하는 시험으로, 초등학생의 수학에 대한 관심과 흥미를 증진시키고 창의적 응용과 활용 수준을 파악할 수 있습니다. 교육과정의 성취 수준을 평가할 수 있는 객관식 문항과 창의사고력을 평가할 수 있는 주관식 문항으로 구성되어 있습니다. 시험은 상 · 하반기 연 2회 개최합니다.

🏆 한국수학학력평가(KMA)

한국수학학력평가(KMA)는 학생 개개인의 현재 수학 실력에 대한 면밀한 정보를 제공하고자 인공 지능(AI)을 통한 빅 데이터 평가 자료를 기반으로 문항별·단원별 분석과 교과 역량 지표를 분석합니다. 또한, 이를 바탕으로 전체 응시자 평균점과 상위 30%, 10% 컷 점수를 알고 본인의 상대적 위치를 확인할 수 있습니다.

한국수학학력평가(KMA)는 단순 점수와 등급 확인을 위한 평가가 아니라 미래 사회가 요구하는 수학 교과 역량 평가 지표 5가지 영역(정보처리능력·의사소통능력·연결능력·추론능력·문제해결능력)을 포함하여 평가함으로써 수학 실력 향상의 새로운 기준을 만들었습니다. 시험은 상·하반기 연 2회 개최합니다.

🏆 왕수학 전국경시대회(KMAO)

왕수학 전국경시대회는 우수한 수학 영재를 조기에 발굴·교육하여 수학적 문제해결력과 창의융합적 사고력을 키워 미래의 우수한 글로벌 리더를 키우고자 상·하반기에 실시한 한국수학학력평가(KMA)에서 상위 10%의 성적 우수자를 대상으로 연 1회 개최합니다.

🏆 MBC 전국 수학학력평가

MBC 씨앤아이가 주최하는 전국 단위의 학력평가로, 초·중학교에서도 전국 단위 평가인 고교 '전국연합학력평가'와 동일한 규모의 테스트를 받을 수 있는 시험이며, 연 1회 시행됩니다. 평가 결과를 통해 전국·지역별 본인의 상대적 위치를 확인할 수 있고, 취약 부분의 학습 전략 및 상위권 진입을 위한 단계적 전략을 제시해 줍니다. 평가 영역은 계산능력, 이해능력, 적용능력, 문제해결능력이며, 객관식과 주관식 문항으로 구성되어 있습니다.

🏆 한국주니어수학올림피아드(KJMO)

KJMO는 중·고등부가 참가하는 수학올림피아드(KMO)의 초등학생 버전으로, 대한수학회에서 연 1회 개최하는 수학올림피아드입니다. 깊은 사고력과 문제해결력을 요구하는 심도 깊은 문제들로 구성된 시험으로, 초등학생이 응시 가능한 경시대회 중 최고난도의 시험입니다.

영재교육원 소개

🏆 운영하는 곳은?

대학부설 영재교육원은 대학교에서 운영하는 대학부설 기관입니다.

교육청 영재교육원은 교육지원청에서 운영하는 교육청 소속 기관입니다.

🏆 모집 시기는?

대학부설 영재교육원의 모집 시기는 대체로 9월에서 11월 사이로, 여름방학이 끝났을 때 시작되는 경우가 많습니다.

교육청 영재교육원의 모집 시기는 11월 말에서 12월 초 사이로, 대학부설 영재교육원보다 1~2개월 늦게 시작됩니다.

🏆 지원 방법은?

대학부설 영재교육원은 각 학교별 별도의 홈페이지가 존재하고, 해당 홈페이지에서만 지원할 수 있는 경우가 많습니다. 단, 일부 교육청이 지원하는 곳은 GED 홈페이지를 통해 지원 가능합니다.

교육청 영재교육원은 GED 홈페이지를 통해 지원 가능합니다.

🏆 선발 방법은?

대학부설 영재교육원은 자기소개서, 지필시험, 면접 등 각 학교별로 다양한 방법을 통해 영재를 선발하고 있습니다. 모집 요강을 확인하여 지원하고자 하는 대학부설 영재교육원의 선발 방법에 맞게 준비해야 합니다.

교육청 영재교육원은 창의적 문제해결력 검사를 통해 영재를 선발합니다. 단, 경기도 교육청 영재교육원은 선교육·후선발 프로그램을 통해 학생을 선발합니다.

우리나라에서 영재교육을 받을 수 있는 방법은 영재학급, 교육청 영재교육원, 대학부설 영재교육원을 통해 받는 방법으로 나뉠 수 있습니다. 선발 방법, 지원 자격, 수업의 난이도와 깊이, 수업을 진행하는 교사 등은 교육기관에 따라 다릅니다.

따라서 학생의 환경과 성향, 준비 과정 및 시간을 고려하여 영재교육원을 선택해야 합니다.

모든 영재교육원의 모집 요강은 영재교육종합데이터베이스(GED)에서 확인 가능하니 반드시 참고하시기 바랍니다.

경시대회 문항 유형 살펴보기

🏆 경시대회의 목적

수학경시대회는 학생들이 수학적 사고력을 겨루고, 수학에 대한 흥미와 경쟁심을 고취시키기 위한 목적으로 열립니다.

자신의 실력을 증명하는 기회를 제공하기 위해 경시대회가 열리는 만큼 다양한 난이도의 문제를 시간 내에 해결해야 하며, 우수한 성적을 거둔 학생들에게는 상을 수여합니다.

🏆 경시대회의 문항 형태

주로 단답형이 많지만, 서술형이 포함된 경시대회도 있습니다.

수학경시대회의 경우 수학적 창의성도 중요하게 생각하지만, 제일 중요하게 생각하는 것은 문제해결력입니다. 따라서 복잡한 문제 상황에서 제시된 조건을 빠르게 파악하고, 자신만의 문제해결 전략을 필요로 하는 문항이 출제됩니다.

경시대회에서는 필요에 따라 선행 학습을 한 경우에 유리한 문항이 출제될 수도 있지만, 현행 교육과정 내에서 출제되기 때문에 교과 수학을 제대로 이해하고 있는지, 이를 이용한 심화 교과 수학 문항을 해결할 수 있는지 알아보는 문항이 출제됩니다.

🏆 경시대회 대비하기

대체로 답의 결과가 복잡하게 나오는 경우가 많습니다. 문제를 해결하는 과정에서는 계산력을 요구하는 경우도 많으므로 평소에 계산 연습을 충분히 해 두어야 합니다.

또한, 다양한 경시대회의 심화 문항들을 많이 접해 보고, 자신만의 문제해결 전략을 세워 문제가 요구하는 답을 구하는 연습을 많이 해야 합니다.

선행 학습을 못했다는 걱정을 하기보다는, 주어진 상황에서 내가 알고 있는 개념을 이용해 문제를 해결할 수 있는 방법을 유연하게 생각해 보려는 노력을 해야 합니다.

영재교육원 문항 유형 살펴보기

🏆 영재교육원의 목적

영재교육원의 목적은 수학적으로 창의적인 학생들을 선발하여 그들의 잠재력을 발휘할 수 있도록 특별한 영재교육 프로그램에 참여시키는 것입니다.

🏆 영재교육원 선발시험의 문항 형태

영재교육원 선발시험은 학년급별 교육과정 수준 내에서 영재성, 비판적 사고력, 종합적 탐구 능력을 측정하는 문항으로 구성되어 있습니다.

영재교육기관에 적합한 학생을 선발해야 하므로 단순 교과 심화 문항보다는 주로 추론능력, 논리력, 수학적 창의성을 측정하기 위한 문항들이 출제됩니다.

추론능력, 논리력을 평가하기 위해 규칙성, 논리 게임 등이 주요 소재가 되는 경우가 많으며, 수학적 창의성을 측정하기 위해 가능한 경우를 모두 찾는 문항, 유연한 사고 등을 측정하는 문항 등이 출제될 수 있습니다.

문항의 유형은 주로 대문항에 소문항이 3~4개씩 주어지며, 각 소문항이 유기적인 연결 관계가 있어 앞선 문항을 해결하지 못할 경우 마지막 소문항을 해결하는 데 어려움을 겪을 수 있습니다. 소문항은 1번부터 순차적으로 문항의 난도가 높아질 수 있으며, 1번은 다른 2, 3번 문항의 해결의 단서가 될 수 있습니다. 따라서 문제 상황을 차근차근 파악한 후, 소문항 1번부터 해결해 나가는 것이 중요합니다.

🏆 영재교육원 선발시험 대비하기

영재교육원 선발시험은 창의융합형 문항이 많이 출제되는데, 주어진 문제의 맥락과 정보, 조건을 빠르게 파악해야 합니다.

주로 타 영역이나 실생활과 연계해서 출제되므로 문제를 해결하기 위해 평소 문해력을 키우고, 문제가 요구하는 사항을 이해하는 능력을 기를 수 있도록 연습해야 합니다.

이 책의 구성과 특징

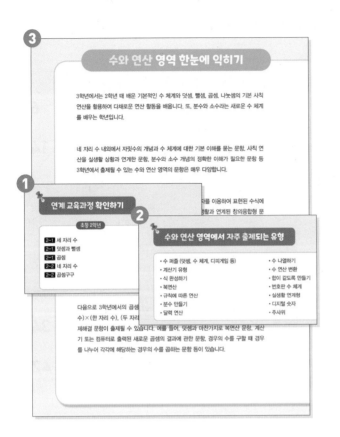

❶ 연계 교육과정 확인하기

각 단원 학습을 위해 필요한 교과 개념을 점검해 보세요.

❷ 자주 출제되는 유형

각 단원에서 출제되는 유형을 확인하고, 출제 경향을 파악해 보세요.

❸ 한눈에 익히기

각 영역에서 다루게 되는 교육과정 및 문항 유형을 한눈에 익힐 수 있어요.

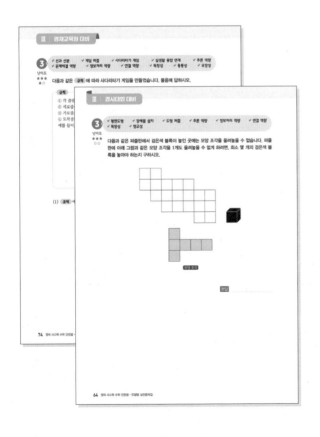

STEP 2 · 유형별 학습하기

경시대회 대비 vs 영재교육원 대비

- 경시대회와 영재교육원 선발시험의 출제 유형을 구분하여 학습해 보세요.
- 문제해결에 필요한 수학적 개념 및 교육과정의 성취 기준과 필요로 하는 역량을 확인할 수 있어요.

이 책의 차례

영재 사고력 수학
단원별 · 유형별 실전문제집

문제편

I

수와 연산

연계 교육과정 확인하기

초등 2학년

- **2-1** 세 자리 수
- **2-1** 덧셈과 뺄셈
- **2-1** 곱셈
- **2-2** 네 자리 수
- **2-2** 곱셈구구

초등 3학년

- **3-1** 덧셈과 뺄셈
- **3-1** 곱셈
- **3-1** 분수와 소수
- **3-2** 곱셈
- **3-2** 나눗셈
- **3-2** 분수

수와 연산 영역에서 자주 출제되는 유형

- 수 퍼즐 (덧셈, 수 체계, 디피게임 등)
- 계산기 유형
- 식 완성하기
- 복면산
- 규칙에 따른 연산
- 분수 만들기
- 달력 연산
- 수 나열하기
- 수 연산 변환
- 합이 같도록 만들기
- 번호판 수 체계
- 실생활 연계형
- 디지털 숫자
- 주사위

수와 연산 영역 한눈에 익히기

3학년에서는 2학년 때 배운 기본적인 수 체계와 덧셈, 뺄셈, 곱셈, 나눗셈의 기본 사칙 연산을 활용하여 다채로운 연산 활동을 배웁니다. 또, 분수와 소수라는 새로운 수 체계를 배우는 학년입니다.

네 자리 수 내외에서 자릿수의 개념과 수 체계에 대한 기본 이해를 묻는 문항, 사칙 연산을 실생활 상황과 연계한 문항, 분수와 소수 개념의 정확한 이해가 필요한 문항 등 3학년에서 출제될 수 있는 수와 연산 영역의 문항은 매우 다양합니다.

먼저, 세 자리 수의 범위의 덧셈과 뺄셈에서는 복면산(문자를 이용하여 표현된 수식에서 각 문자가 나타내는 숫자를 알아내는 문제) 문항, 실생활과 연계된 창의융합형 문제해결 문항, 네 자리 수의 수 체계와 연계한 문항 등이 출제될 수 있습니다.

또한, 육각퍼즐, 마방진 등과 같은 수 퍼즐이 있기 때문에 덧셈과 뺄셈을 응용한 다양한 퍼즐 유형의 문항이 출제될 수 있습니다. 수 퍼즐에 익숙해지기 위해서 평소에 수학 퍼즐에 대한 관심을 가지고 다양하게 접해 보는 것을 추천합니다.

다음으로 3학년에서의 곱셈은 (두 자리 수)×(한 자리 수)부터 시작하여 (세 자리 수)×(한 자리 수), (두 자리 수)×(두 자리 수)까지 배우기 때문에 곱셈과 관련한 문제해결 문항이 출제될 수 있습니다. 예를 들어, 덧셈과 마찬가지로 복면산 문항, 계산기 또는 컴퓨터로 출력된 새로운 곱셈의 결과에 관한 문항, 경우의 수를 구할 때 경우를 나누어 각각에 해당하는 경우의 수를 곱하는 문항 등이 있습니다.

곱셈에 이어 나눗셈 또한 (세 자리 수)÷(한 자리 수)까지 배우게 됩니다. 이때 나머지가 있는 나눗셈과 나눗셈을 검산하는 과정은 교육과정에서 중요하게 다루기 때문에 이에 대한 정확한 개념 이해와 응용력이 필요합니다. 또한, 우리 실생활 속에서 나눗셈을 다양하게 활용할 수 있으므로 상황에 대한 이해력과 수학적 의사소통 능력도 중요한 문항으로 출제될 수 있습니다.

마지막으로 분수와 소수는 3학년에서 처음 배우게 되는 새로운 수 체계이므로, 눈여겨봐야 하는 중요한 개념 중 하나입니다. 전체와 부분의 관계를 분수로 이해하기, 분모가 같은 분수와 단위분수에 대한 개념, 가분수 · 진분수 · 대분수의 개념, 분수와 소수와의 관계 등이 중요합니다.

관련된 문항으로는 주어진 수 카드 또는 주사위로 분수를 만드는 문항, 실생활 속에서 분수를 이용한 크기를 비교하는 문항 등이 있습니다. 3학년에서는 분수의 덧셈과 뺄셈은 배우지 않으므로 무엇보다 분수와 소수의 수학적 표현과 개념을 정확하게 확인하는 것이 중요합니다.

1.

난이도
★☆☆
☆☆

다음 계산기의 숫자 버튼 0, 2, 5, 6, 8을 눌러 (한 자리 수)×(한 자리 수)의 식을 만들 때, 그 결과에서 숫자 0이 나오는 곱셈식은 모두 몇 개인지 구하시오. (단, 곱셈하는 수의 순서가 다르면 서로 다른 곱셈식으로 생각합니다. 예를 들어, 2×6과 6×2는 서로 다른 곱셈식으로 생각합니다.)

정답 ....

정답 및 해설 2쪽

2

✔ 나눗셈 ✔ 나머지 ✔ 검산하기 ✔ 문제해결 역량 ✔ 정교성

난이도 ★☆☆☆☆

다음 나눗셈식에서 ㉠과 ㉡의 합은 160이고 ㉡의 값이 가장 클 때, □의 값을 구하시오.

$$□ \div 157 = ㉠ \cdots ㉡$$

정답 ....

✔ 덧셈과 뺄셈   ✔ 두 자리 수   ✔ 수 체계   ✔ 수 퍼즐   ✔ 합이 같도록 만들기   ✔ 추론 역량
✔ 문제해결 역량   ✔ 정교성   ✔ 융통성

난이도
★ ★ ★
☆ ☆

삼각형의 한 변에 놓인 네 수의 합이 모두 같도록 1부터 9까지의 수를 ○ 안에 각각 한 번씩 써넣으려고 합니다. 각 빈칸에 들어갈 수를 시계 반대 방향으로 순서대로 ㉮, ㉯, ㉰, ㉱, ㉲, ㉳라고 할 때, 이 수를 이용하여 두 자리 수 ㉮㉯, ㉰㉱, ㉲㉳를 만들 수 있습니다. 이때 얻을 수 있는 ㉮㉯＋㉰㉱＋㉲㉳의 값 중에서 두 번째로 작은 값을 구하시오.

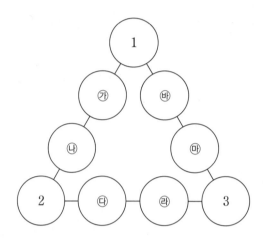

정답 ....

4 ✓ 두 자리 수의 곱셈 ✓ 복면산 ✓ 문제해결 역량 ✓ 추론 역량 ✓ 정교성 ✓ 융통성

난이도
★★☆
☆☆

같은 모양은 같은 숫자를 나타내고, 다른 모양은 다른 숫자를 나타냅니다. 다음 두 곱셈식에서 □, ●, △의 모양이 나타내는 숫자를 각각 구하시오.

$$
\begin{array}{r}
4\ \square \\
\times\ \bullet\ \triangle \\
\hline
1\ \bullet\ 1\ \square
\end{array}
\qquad
\begin{array}{r}
\bullet\ \square \\
\times\ \bullet\ 9 \\
\hline
\triangle\ \bullet\ \square
\end{array}
$$

정답 □ =   , ● =   , △ =

5
난이도
★★★
★☆

✔ 한 자리 수의 곱셈   ✔ 덧셈   ✔ 규칙에 따른 연산   ✔ 문제해결 역량   ✔ 추론 역량
✔ 정보처리 역량   ✔ 독창성   ✔ 융통성

다음 **보기** 와 같이 어떤 수를 세 번 곱한 수는 연속하는 홀수의 덧셈으로 나타낼 수 있습니다. 이때 연속하는 홀수의 개수는 세 번 곱하는 어떤 수와 같습니다. 다음에 주어진 같은 수를 세 번 곱한 수를 각각 홀수의 덧셈으로 나타내시오.

보기

곱하는 같은 수가 짝수인 경우	곱하는 같은 수가 홀수인 경우
$2 \times 2 \times 2 = 3 + 5$	$3 \times 3 \times 3 = 7 + 9 + 11$
$4 \times 4 \times 4 = 13 + 15 + 17 + 19$	$5 \times 5 \times 5 = 21 + 23 + 25 + 27 + 29$

(1) $6 \times 6 \times 6$

정답 ....

(2) $7 \times 7 \times 7$

정답 ....

6 난이도 ★★☆ ☆☆

✔ 분수의 의미　✔ 가분수　✔ 진분수　✔ 랜덤 분수　✔ 분수 만들기　✔ 문제해결 역량
✔ 추론 역량　✔ 정교성　✔ 유창성

1부터 10까지의 수가 각각 한 개씩 적혀 있는 수 카드가 상자 두 개에 각각 한 세트씩 들어 있습니다. 첫 번째 상자에서 꺼낸 카드에 적힌 수가 분수의 분모, 두 번째 상자에서 꺼낸 카드에 적힌 수가 분수의 분자가 될 때, 만들 수 있는 진분수와 가분수의 개수를 각각 구하시오.

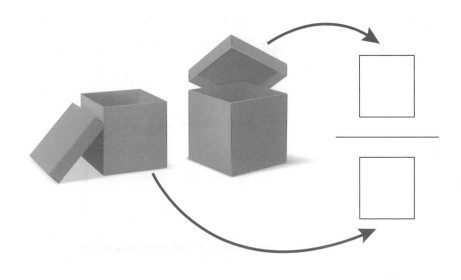

정답 진분수: _____, 가분수: _____

7 ✔ 한 자리 수의 곱셈 ✔ 규칙에 따른 연산 ✔ 달력 연산 ✔ 실생활 융합 연계
✔ 문제해결 역량 ✔ 추론 역량 ✔ 연결 역량 ✔ 정교성 ✔ 유창성

난이도
★ ★ ☆
☆ ☆

2024년부터 2030년까지의 달력에서 다음 규칙 을 만족하는 경우는 모두 몇 가지인지 구하시오.

규칙

$$(월의 수) \times (일의 수) = (연도의 끝의 두 자리 수)$$

예시 2021년 3월 7일 → $3 \times 7 = 21$

정답 ....

8

난이도
★★☆
☆☆

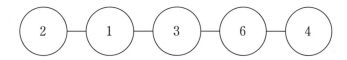

어떤 원의 왼쪽에 있는 원 안의 수들을 모두 합한 값은 그 어떤 원 안의 수로 나누어 떨어집니다. 예를 들어 다음 그림의 원 안의 수를 나열하면 2-1-3-6-4로 3은 왼쪽에 있는 수들의 합 2+1=3을 나눌 수 있고, 6은 왼쪽에 있는 수들의 합 2+1+3=6을 나눌 수 있으며, 4는 왼쪽에 있는 수들의 합 2+1+3+6=12를 나눌 수 있습니다.

$$2 - 1 - 3 - 6 - 4$$

위의 규칙에 따라 여섯 개의 원 안에 1부터 6까지의 수를 각각 하나씩 써넣을 때, 가능한 경우를 3가지만 찾아보세요.

정답
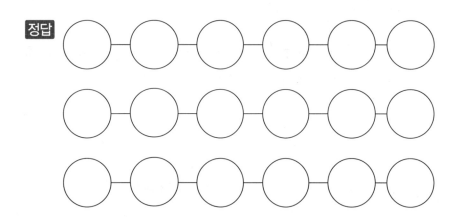

영재교육원 대비

✔ 덧셈과 뺄셈 ✔ 계산기 ✔ 로봇 연산 ✔ 규칙 연산 ✔ 정보처리 역량 ✔ 의사소통 역량
✔ 추론 역량 ✔ 연결 역량 ✔ 독창성 ✔ 융통성

덧셈 로봇이 다음 규칙 에 따라 결과를 내보내려고 합니다. 물음에 답하시오.

규칙

① 세 개의 수를 차례로 넣습니다. → (5, 8, 2)
② 이 덧셈 로봇은 세 개의 수 중에서 두 개씩 서로 더해 큰 순서대로 결과를 내보냅니다.
  → (13, 10, 7)
③ 위의 결과에 얻은 세 개의 수를 다시 덧셈 로봇에 넣으면 세 개의 수 중에서 두 개씩 서로 더해 큰 순서대로 결과를 내보냅니다. → (23, 20, 17)

(1) 덧셈 로봇에 다음 세 개의 수를 넣고 내보내어진 세 개의 수를 다시 한 번 더 덧셈 로봇에 넣었을 때, 내보내어진 결과를 각각 구하시오.

(16, 27, 30)

정답 첫 번째 내보내어진 결과: (,   ,   )
두 번째 내보내어진 결과: (,   ,   )

(2) 다음 세 개의 수를 차례로 덧셈 로봇에 넣고 내보내어진 결과의 세 개의 수를 반복해서 덧셈 로봇에 4번 더 넣었습니다. 마지막에 내보내어진 결과의 가장 큰 수와 가장 작은 수의 차는 얼마인지 구하시오.

(4, 10, 3)

정답 ┈┈┈┈┈┈┈┈┈┈┈┈┈┈┈┈┈┈

(3) 다음 세 개의 수를 차례로 덧셈 로봇에 넣고 내보내어진 결과의 세 개의 수를 반복해서 덧셈 로봇에 200번 더 넣었을 때, 결과의 가장 큰 수와 가장 작은 수의 차이는 얼마인지 구하시오.

(24, 8, 13)

정답 ┈┈┈┈┈┈┈┈┈┈┈┈┈┈┈┈┈┈

2 난이도 ★★★ ☆☆

✓ 덧셈과 뺄셈   ✓ 두 자리 수   ✓ 수 퍼즐   ✓ 합이 같도록 만들기   ✓ 문제해결 역량
✓ 추론 역량   ✓ 연결 역량   ✓ 정교성   ✓ 융통성

정육각형을 변끼리 겹쳐지도록 이어 붙일 때, 노란색 정육각형의 변에 이어 붙인 6개의 정육각형 안의 수들의 합이 같아지도록 수를 써넣으려고 합니다. 물음에 답하시오.

(1) A, B는 자연수이고, A, B의 차는 1입니다. 노란색 정육각형의 변에 이어 붙인 6개의 정육각형 안의 수들의 합이 111일 때, A와 B를 각각 구하시오. (단, A>B)

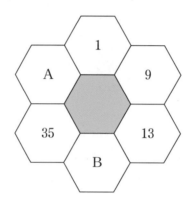

정답 A=   , B=

(2) A, B, C는 모두 자연수이고, A와 C는 한 자리 수입니다. 노란색 정육각형의 변에 이어 붙인 6개의 정육각형 안의 수들의 합이 각각 111일 때, A, B, C가 될 수 있는 경우를 모두 구하시오. (단, A<C)

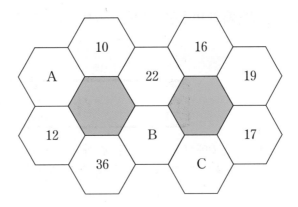

정답   A=   , B=   , C=

A=   , B=   , C=

A=   , B=   , C=

3 ✔ 두 자리 수의 곱셈　✔ 수체계　✔ 번호판　✔ 실생활 융합 연계　✔ 규칙에 따른 연산
✔ 의사소통 역량　✔ 추론 역량　✔ 정보처리 역량　✔ 정교성　✔ 유창성

난이도
★★★
☆☆

영재 나라에서는 자동차의 번호판이 다음 **규칙** 에 따라 정해집니다. 물음에 답하시오.

규칙

① ㄱ, ㄴ, A, B, ★은 0에서 9까지 숫자 중 하나이다. (단, ㄱ과 A는 0이 아니다.)
② 두 자리 수 ㄱㄴ과 ★의 곱의 결과가 두 자리 수 AB가 된다.

예를 들어 ㄱ＝1, ㄴ＝3, ★＝3일 때, 두 자리 수 ㄱㄴ은 13이고, 이 나라 자동차의 번호판
은 13가393이 된다.

(1) 다음 번호판에서 ★의 값으로 가능한 수를 모두 쓰시오.

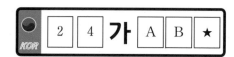

정답 ⋯⋯⋯⋯⋯⋯⋯⋯⋯⋯⋯⋯⋯⋯⋯⋯⋯⋯

(2) 다음 번호판에서 ★의 값이 7일 때, 만들 수 있는 번호판의 개수를 쓰시오.

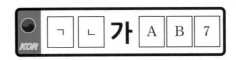

정답 ....

(3) 이 나라의 규칙 에 따라 만들 수 있는 번호판은 모두 몇 개인지 구하시오.

정답 ....

✓ 한 자리 수의 곱셈   ✓ 자릿수   ✓ 복면산   ✓ 조건 파악하기   ✓ 문제해결 역량   ✓ 추론 역량
✓ 정교성   ✓ 유창성

난이도
★★★
★☆

○와 □가 모두 0과 1이 아닌 한 자리 수를 나타낼 때, 물음에 답하시오.

(1) 어떤 수 ○와 □를 곱합 결과의 일의 자리 숫자가 ○인 경우는 모두 몇 가지인지 구하시오.

정답 ....

(2) 어떤 수 ○와 □를 곱한 결과의 일의 자리 숫자는 ○이고, 어떤 수 ○와 □를 더한 결과의 일의 자리 숫자는 두 수 ○와 □의 차입니다. 이때 가능한 ○와 □를 모두 구하시오.

정답 ○=   , □=
....
○=   , □=
....
○=   , □=
....

(3) 다음 곱셈의 세로식에서 어떤 수 ○와 □의 차를 △라 할 때, ○, □, △를 각각 구하시오. (단, 같은 모양은 같은 숫자를 나타냅니다.)

$$
\begin{array}{r}
\square\ \bigcirc \\
\times \qquad \bigcirc\ \square \\
\hline
\bigcirc\ \triangle\ \bigcirc \\
3\ \square\ \bigcirc \\
\hline
4\ \triangle\ \square\ \bigcirc
\end{array}
$$

정답 ○=   , □=   , △=

✔ 덧셈과 뺄셈 ✔ 두 수의 차 ✔ 수 퍼즐 ✔ 디피게임 ✔ 문제해결 역량 ✔ 추론 역량
✔ 정보처리 역량 ✔ 유창성 ✔ 융통성

난이도
★★★
★★

다음 게임의 규칙 을 읽고 물음에 답하시오.

규칙

① 위의 왼쪽 원과 오른쪽 원에 있는 두 수의 차를 아래 줄 가운데 원에 써넣는다.
(예 50-15=35, 35-31=4)

② 가장 오른쪽 원에는 바로 위의 왼쪽 원과 그 줄의 가장 왼쪽 원에 있는 두 수의 차를 써넣는다.
(예 30-15=15, 35-15=20)

③ 결과가 모두 0이 되면 게임이 끝난다.

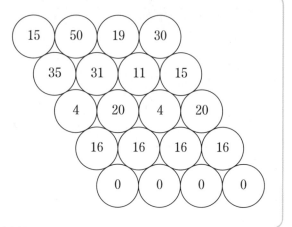

(1) 게임의 규칙 을 만족하도록 빈칸에 알맞은 수를 써 넣으시오.

정답

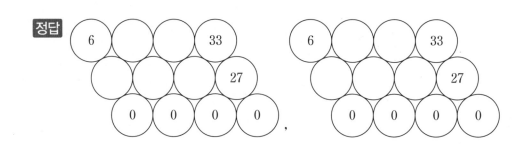

(2) 게임의 규칙 을 만족하는 두 수 A, B를 순서쌍으로 모두 나타내시오.

(예를 들어 A=1, B=2이면 (1, 2)로 나타냅니다.)

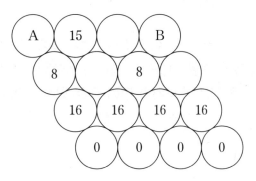

정답 ....

(3) 게임의 규칙 을 만족하는 경우를 2가지 찾아 완성해 보시오.

(단, (2)의 경우는 제외합니다.)

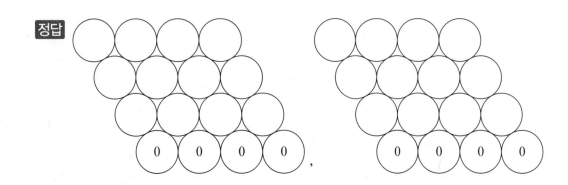

6

✔ 가분수　　✔ 진분수　　✔ 분수의 관계　　✔ 랜덤 분수　　✔ 주사위　　✔ 분수 만들기
✔ 문제해결 역량　　✔ 추론 역량　　✔ 의사소통 역량　　✔ 정교성　　✔ 유창성

난이도
★ ★ ★
★ ☆

1에서 6까지의 눈이 적혀 있는 주사위 두 개를 보기 와 같이 이어 붙여 각각 앞면과 뒷면에 적혀 있는 눈의 수로 분수를 만들려고 합니다. 이때 아래에 있는 주사위의 면에 적혀 있는 눈의 수는 분모를, 위에 있는 주사위의 면에 적혀 있는 눈의 수는 분자를 나타냅니다. 물음에 답하시오. (단, 주사위의 마주보는 두 면에 적혀 있는 눈의 수의 합은 7입니다.)

보기

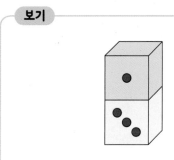

⊙ 앞면에서 만들 수 있는 분수: $\dfrac{1}{3}$

⊙ 뒷면에서 만들 수 있는 분수: $\dfrac{6}{4}$

이것을 쌍으로 나타내면 $\left(\dfrac{1}{3}, \dfrac{6}{4} \right)$ 이다.

(1) 다음에서 만들 수 있는 분수를 모두 쓰시오.

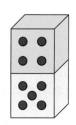

정답 ....

(2) 앞면에서 만들 수 있는 분수와 뒷면에서 만들 수 있는 분수 사이의 관계가 서로 $\dfrac{\blacksquare}{\bigcirc}$, $\dfrac{\bigcirc}{\blacksquare}$

인 것을 모두 찾아 쌍으로 나타내시오.

(단, 분수의 순서만 바꾼 것은 같은 경우로 생각합니다.)

정답

(3) 1에서 6까지의 눈이 적혀 있는 주사위 4개를 다음과 같이 이어 붙인 후 분수를 만들려고 합니다. 아래에 있는 주사위 2개의 각각의 면에 적힌 눈의 수의 합이 분모, 위에 있는 주사위 2개의 각각의 면에 적인 눈의 수의 합이 분자일 때, 앞면에서 만들 수 있는 분수와 뒷면에서 만들 수 있는 분수 사이의 관계가 서로 $\dfrac{\blacksquare}{\bigcirc}$, $\dfrac{\bigcirc}{\blacksquare}$인 것을 모두 찾아 쌍으로 나타 내시오.

(단, ○와 ■는 서로 다른 수이며, 분수의 순서만 바꾼 것은 같은 경우로 생각합니다.)

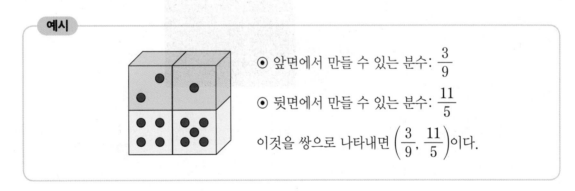

예시
- 앞면에서 만들 수 있는 분수: $\dfrac{3}{9}$
- 뒷면에서 만들 수 있는 분수: $\dfrac{11}{5}$

이것을 쌍으로 나타내면 $\left(\dfrac{3}{9}, \dfrac{11}{5}\right)$이다.

정답

✔ 한 자리 수의 곱셈   ✔ 그림으로 이해하기   ✔ 실생활 융합 연계   ✔ 추론 역량   ✔ 문제해결 역량
✔ 정교성   ✔ 유창성

난이도
★★☆
☆☆

다연이는 다양한 크기의 판 초콜릿을 친구들과 나누어 먹으려고 합니다. 물음에 답하시오.

(1) 다연이는 친구에게 6조각씩 있는 가로 줄 한 줄을 먼저 떼어준 후, 남아있는 부분에서 9조각씩 있는 세로 줄 한 줄을 다른 친구에게 떼어주었습니다. 이때 다연이가 처음 가지고 있던 초콜릿은 모두 몇 조각인지 구하시오.

정답 ....

(2) 다연이는 친구에게 가로 줄 한 줄씩 두 번 먼저 떼어준 후, 남아있는 부분에서 4조각씩 있는 세로 줄 한 줄을 다른 친구에게 떼어주었습니다. 마지막으로 3조각씩 있는 가로 줄 한 줄을 또 다른 친구에게 떼어주었을 때, 다연이가 처음 가지고 있던 초콜릿은 모두 몇 조각인지 구하시오.

정답 ⋯⋯⋯⋯⋯⋯⋯⋯⋯⋯⋯⋯⋯⋯⋯⋯⋯⋯⋯⋯⋯⋯⋯

8

✓ 곱셈 ✓ 세 자리 수의 나눗셈 ✓ 규칙에 따른 연산 ✓ 디지털 숫자 ✓ 의사소통 역량
✓ 추론 역량 ✓ 연결 역량 ✓ 독창성 ✓ 유창성 ✓ 융통성

난이도
★★★
★☆

막대를 이용하여 디지털 숫자를 다음 그림과 같이 나타낼 수 있으며, 각 숫자의 무게는 막대의 개수로 나타낼 수 있습니다. 물음에 답하시오.

(1) 23과 91의 무게의 차가 30 g일 때, 막대 1개의 무게를 구하시오.

정답

(2) 네 자리 수 1234와 5678의 무게의 차를 구하시오.

정답

(3) 만든 수의 무게가 135 g인 두 자리 수를 모두 구하시오.

정답

II

도형과 측정

연계 교육과정 확인하기

초등 1학년

1-1 여러 가지 모양
1-1 비교하기
1-2 모양과 시각

초등 3학년

3-1 평면도형
3-1 길이와 시간
3-2 원
3-2 들이와 무게

도형과 측정 영역에서 자주 출제되는 유형

- 빠짐없이 세기
- 크고 작은 도형
- 도형 이어 붙이기
- 도형 나누기
- 도형 이동하기
- 문자로 나타내기
- 테트라볼로
- 폴리오미노
- 작도
- 조건에 맞게 모으기
- 디지털 시계
- 고장난 시계

3학년에서는 도형의 기본 체계인 선, 각에서부터 시작하여 평면도형의 기본이 되는 삼각형, 사각형, 원에 대해 처음으로 배우게 됩니다.

먼저 선의 종류인 '직선', '선분', '반직선'에 대한 개념을 정확하게 이해해야 합니다. 이를 바탕으로 다양한 조건에서 직선, 선분, 반직선을 만들거나 빠짐없이 중복되지 않게 세는 문항 등을 해결할 수 있습니다.

3학년에서 처음 배우는 '각', '직각'도 중요한 학습 내용 중 하나입니다. 도형의 내각에 대한 개념은 아직 배우지 않았기 때문에 각을 구하는 구체적인 문항이 출제되기는 쉽지 않습니다. 하지만 각의 개념과 더불어 직각이라는 소재를 활용하여 숨겨진 직각을 찾거나 직각을 빠짐없이 중복되지 않게 세는 문항이 출제될 수 있습니다.

다음으로 '직각삼각형', '직사각형', '정사각형'에 대해서는 다양한 기하적 사고를 요구하는 창의력 문항들이 출제될 수 있습니다. 교과서에서 다루고 있는 대표적인 유형인 크고 작은 도형 모두 찾기, 지오보드, 칠교놀이, 도형을 이어붙인 테트라미노·폴리오미노·테트라볼로, 폴리아몬드 등을 충분히 살펴보아야 합니다. 또한, 도형과 관련하여 이어 붙이기뿐만 아니라 도형 나누기, 도형 쪼개기, 도형 덮기, 도형 더하기와 같이 창의성과 유창성, 융통성을 평가하는 문항도 단골 소재입니다.

3학년은 아직 도형의 수학적인 성질 등을 상세하게 배운 학년이 아니므로, 도형의 세부적인 특징에 관한 문항보다는 도형을 다양하고 창의적으로 조작할 수 있는지를 파악하는 문항이 더 많이 출제됩니다. 따라서 익숙한 색종이를 접어 자르거나 구멍을 뚫어 해결하는 문항도 출제될 수 있습니다.

3학년에서 비교적 자세히 배우는 도형은 바로 '원'으로, 원의 개념부터 시작하여 지름, 반지름 등 여러 가지 특징을 배웁니다. 규칙성을 활용하여 원을 이어 붙여 원의 중심을 찾는 문항이나 지름, 반지름을 이용하여 다양한 길이를 구하는 문항들을 해결할 수 있어야 합니다.

3학년에서는 시간, 길이, 들이, 무게 등 측정 영역의 전 방면에 대해 학습하게 됩니다. 시각과 시간에서는 실생활 문제 상황과 연결하여 시간의 덧셈과 뺄셈을 통해 문제를 해결할 수 있어야 합니다.

길이는 1 cm부터 시작하여 1 km에 이르기까지 길이를 이용한 논리적인 추론이 필요한 문항이 출제될 수 있습니다.

들이와 무게는 주어진 조건을 만족하도록 여러 물체의 들이와 무게를 조합하여 더하고 빼서 해결하는 유형의 문항이 자주 출제됩니다.

즉, 3학년에서 배우는 측정 영역은 모든 영역을 다루기 때문에 시간, 길이, 들이, 무게의 덧셈과 뺄셈을 기본으로 논리적인 추론과 조건에 맞는 문제해결력이 필요합니다.

마지막으로 3학년에서는 입체도형을 배우지 않으므로 깊은 심화 문항이 출제되지는 않겠습니다. 하지만 저학년에서 쌓기나무, 주사위 등을 학습하기 때문에 이와 관련한 공간 감각력과 입체적 사고력을 요구하는 유형의 문항이 출제될 수 있습니다.

1

✓ 정사각형　　✓ 크고 작은 도형　　✓ 빠짐없이 세기　　✓ 문제해결 역량　　✓ 정교성　　✓ 유창성

난이도
★★★
☆☆

다음 그림에서 찾을 수 있는 정사각형의 개수를 모두 구하시오.

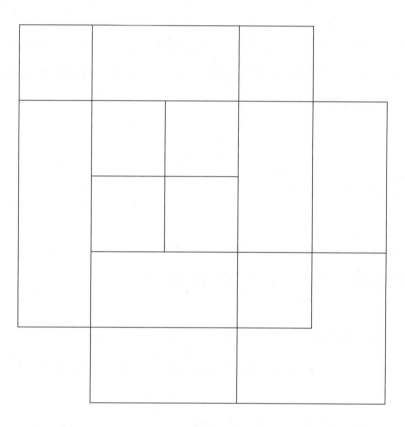

정답 ....

2

✓ 직각삼각형   ✓ 테트라볼로   ✓ 도형 이어 붙이기   ✓ 정보처리 역량   ✓ 유창성   ✓ 정교성
✓ 융통성

Ⅱ. 도형과 측정

난이도
★★★
☆☆

다음은 크기가 같은 직각삼각형 3개를 이어 붙여 만든 도형입니다. 이 도형에 길이가 같은 변끼리 겹쳐지도록 크기가 같은 직각삼각형 1개를 추가로 이어 붙일 때, 만들 수 있는 모양은 모두 몇 개인지 구하시오. (단, 직각삼각형의 두 변의 길이는 서로 같습니다.)

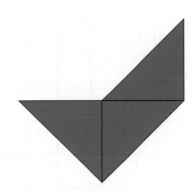

정답 ....

3

✔ 정사각형   ✔ 직사각형   ✔ 도형 나누기   ✔ 문제해결 역량   ✔ 의사소통 역량
✔ 유창성   ✔ 정교성   ✔ 융통성

난이도
★☆☆
☆☆

다음 그림을 크기가 같은 정사각형으로 이루어진 사각형 모양 조각으로 덮으려고 합니다. 이때 각 칸에 쓰인 수는 모양 조각 1개에 포함된 작은 정사각형의 개수를 나타냅니다. 모양 조각이 정사각형 또는 직사각형 모양일 때, 다음 그림을 모두 덮는 방법을 그림에 나타내고, 이때 필요한 정사각형 모양 조각의 개수를 구하시오.

	6			6		5
			3			
3		5				
	4				6	
4						
	8				6	
				2		
2				4		

정답 . . . .

4

✓ 정사각형   ✓ 도형 나누기   ✓ 연결 역량   ✓ 문제해결 역량   ✓ 독창성   ✓ 유창성

난이도
★ ★ ★
☆ ☆

다음과 같이 16개의 작은 정사각형으로 이루어진 모눈종이를 점선을 따라 모양과 크기가 같은 2부분으로 자르려고 합니다. 이때 자를 수 있는 방법을 6가지 찾아 그리시오.

(단, 자른 모양을 돌리거나 뒤집어서 겹쳐지면 같은 모양으로 봅니다.)

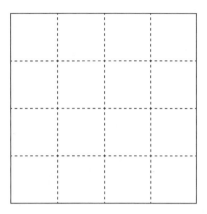

정답

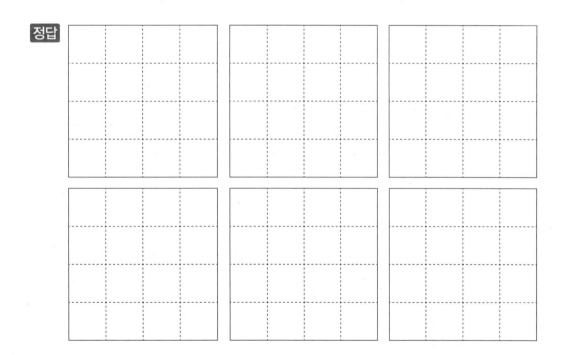

✔ 정삼각형　　　✔ 원　　　✔ 도형 이어 붙이기　　　✔ 문제해결 역량　　　✔ 의사소통 역량
✔ 유창성　　　✔ 정교성　　　✔ 융통성

난이도
★★★
★☆

반지름이 1 cm인 원을 다음 그림과 같은 규칙에 따라 이어 붙이려고 합니다. 이웃하는 원의 중심끼리 이어 삼각형을 만들 때, 6단계에서 만들어지는 삼각형의 모든 변의 길이의 합을 구하시오. (단, 겹치는 변은 겹쳐지는 횟수만큼 더합니다.)

1단계	2단계
3단계	...
	...

정답 ....

▶ 정답 및 해설 16쪽

6

✔ 들이   ✔ 양팔저울   ✔ 문자로 나타내기   ✔ 의사소통 역량   ✔ 추론 역량   ✔ 융통성

난이도
★★☆
☆☆

세 종류의 양동이 가, 나, 다를 이용하여 통에 물을 부으려고 합니다. 다음 보기 의 세 가지 방법 모두 들이가 24 L 800 mL인 통에 물을 가득 채울 수 있다고 할 때, 양동이 가, 나, 다의 들이를 각각 구하시오. (단, 각 양동이를 이용할 때 물을 가득 담습니다.)

보기

• 방법 ①: 양동이 가 3번, 양동이 나 2번, 양동이 다 2번
• 방법 ②: 양동이 가 4번, 양동이 나 2번
• 방법 ③: 양동이 가 1번, 양동이 나 3번, 양동이 다 2번

정답 가: _____ , 나: _____ , 다: _____

7

✓ 삼각형   ✓ 색종이 접기   ✓ 추론 역량   ✓ 정보처리 역량   ✓ 정교성

난이도
★ ★ ★
★ ☆

다음과 같은 띠 모양의 종이를 그림과 같이 완전히 포개어지도록 3번 접은 후, 빨간 선을 따라 가위로 잘랐습니다. 자른 띠를 모두 펼칠 때, 만들어지는 크고 작은 삼각형의 개수를 구하시오.

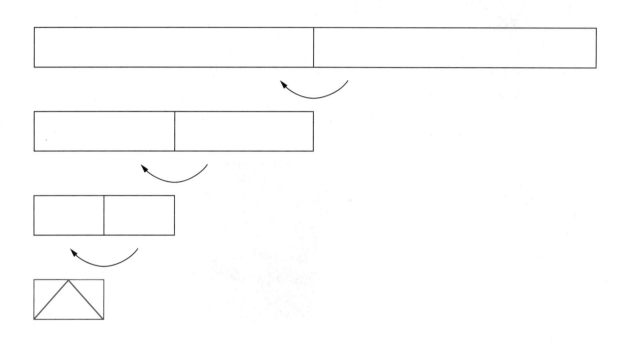

정답 ....

8

난이도
★★★
★★

✓ 입체도형   ✓ 주사위   ✓ 도형 이동하기   ✓ 추론 역량   ✓ 정보처리 역량   ✓ 정교성
✓ 융통성

마주 보는 면의 눈의 수의 합이 7인 주사위가 다음 그림과 같이 첫 번째 칸 위에 놓여 있습니다. 주사위를 화살표 방향으로 9번 굴리고, 한 번 굴릴 때 한 칸만 이동할 수 있습니다. 주사위가 마지막 칸에 도착했을 때, 주사위의 세 면 ㄱ, ㄴ, ㄷ의 눈의 수의 곱을 구하시오.

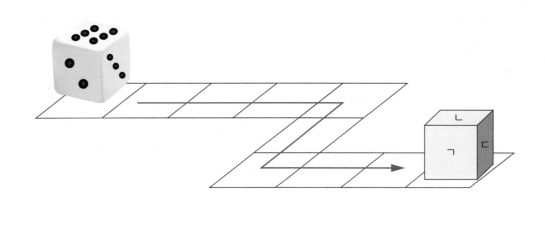

정답 ....

1 ✓ 직사각형   ✓ 정사각형   ✓ 도형 나누기   ✓ 추론 역량   ✓ 문제해결 역량   ✓ 융통성

난이도
★★★
☆☆

직사각형을 계단 모양으로 잘라 붙여 정사각형을 만들 수 있습니다. 물음에 답하시오.

(1) 가로가 16 cm, 세로가 9 cm인 직사각형을 다음과 같이 3단 계단 모양으로 자른 후 이 어 붙여 만든 정사각형의 한 변의 길이를 구하시오.

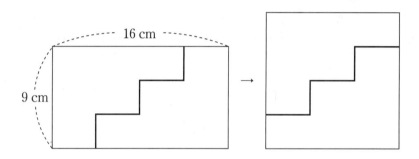

정답 ⋯⋯⋯⋯⋯⋯⋯⋯⋯⋯⋯⋯⋯⋯⋯⋯⋯⋯⋯

(2) 가로가 25 cm, 세로가 16 cm인 직사각형을 같은 방식으로 계단 모양으로 잘라 정사각형을 만들려고 합니다. 어떻게 자르면 되는지 다음 그림에 나타내고, 이때 만들어지는 정사각형의 한 변의 길이를 구하시오. (단, 자르는 선은 실선 또는 점선으로 나타냅니다.)

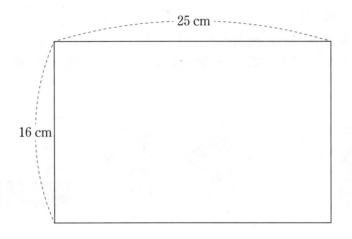

정답 ·······································

2
난이도
★★★
☆☆

✓ 정사각형   ✓ 폴리오미노   ✓ 도형 이어 붙이기   ✓ 추론 역량   ✓ 연결 역량   ✓ 독창성
✓ 융통성

모양 조각을 돌리거나 뒤집어 이어 붙여 한 가지 모양을 여러 가지 방법으로 만들 수 있습니다. 예를 들어, 다음 그림1과 같이 서로 다른 조각 2개를 이어 붙인 모양과 서로 같은 조각 2개를 이어 붙인 모양이 다음 그림2와 같이 서로 같습니다. 물음에 답하시오.

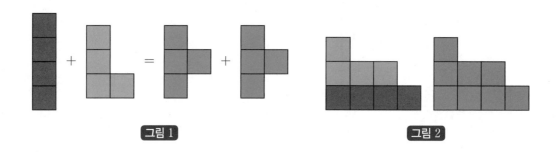

그림 1   그림 2

(1) 아래의 모양은 보기 의 모양 조각을 돌리거나 뒤집어 이어 붙여 만들 수 있습니다. 만들 수 있는 방법을 2가지 찾아 사용된 모양 조각의 기호로 나타내시오. (단, 보기 의 모양 조각을 모두 사용하지 않아도 되고, 하나의 모양 조각을 여러 번 사용할 수도 있습니다.)

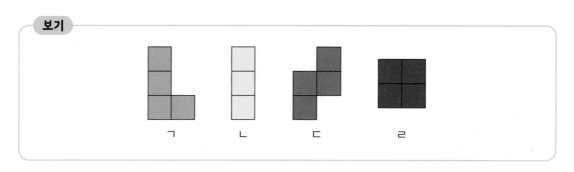

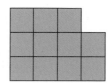

정답 _____ / _____

(2) 다음과 같이 각각의 3개의 모양 조각을 돌리거나 뒤집어 이어 붙이려고 합니다. 이때 만들 수 있는 서로 같은 모양을 색칠하여 나타내시오.

(단, 색칠한 모양을 돌리거나 뒤집어서 겹쳐지면 같은 모양으로 봅니다.)

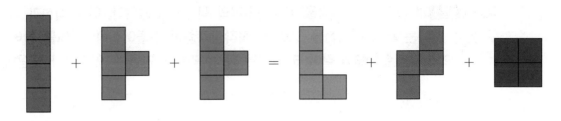

정답

3 난이도 ★★★ ★☆

✔ 직선   ✔ 직각   ✔ 직각삼각형   ✔ 크고 작은 도형   ✔ 빠짐없이 세기   ✔ 문제해결 역량
✔ 정보처리 역량   ✔ 유창성   ✔ 정교성   ✔ 융통성

다음 그림 1 과 같이 서로 직각을 이루는 6개의 직선이 있습니다. 이때 직선과 직선이 만나는 두 점을 지나는 새로운 직선을 그으면, 직각삼각형이 만들어집니다. 예를 들어, 점 1과 점 ㄷ을 이으면 다음 그림 2 와 같이 크고 작은 직각삼각형을 만들 수 있습니다. 물음에 답하시오.

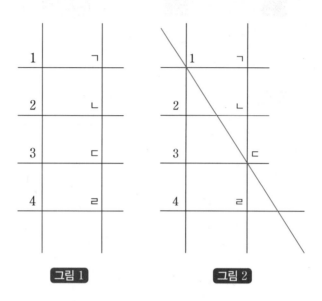

그림 1   그림 2

(1) 위의 그림 2 에서 찾을 수 있는 크고 작은 직각삼각형의 개수를 구하시오.

정답 ....

(2) 같은 방법으로 두 점을 지나는 직선을 그었을 때 만들어지는 크고 작은 직각삼각형의 개수로 가능한 것을 모두 찾고, 그 이유를 설명하시오.

정답 ....

이유 ....

....

....

....

....

....

....

....

....

....

....

....

....

....

✓ 선분   ✓ 직각삼각형   ✓ 규칙성   ✓ 크고 작은 도형   ✓ 빠짐없이 세기   ✓ 정보처리 역량
✓ 문제해결 역량   ✓ 연결 역량   ✓ 정교성   ✓ 유창성

난이도
★★★
★★

다음과 같은 규칙에 따라 선분을 그으려고 합니다. 물음에 답하시오.

[1단계]	[2단계]	[3단계]	[4단계]

[5단계]	[6단계]	[7단계]	[8단계]
			...

(1) 3단계에서 찾을 수 있는 크고 작은 직각삼각형의 개수를 구하시오.

정답 ....

(2) 5단계에서 찾을 수 있는 크고 작은 직각삼각형의 개수를 구하시오.

정답 ....

(3) 6단계에서 찾을 수 있는 크고 작은 직각삼각형과 8단계에서 찾을 수 있는 크고 작은 직각삼각형의 개수의 차를 구하시오.

정답 ....

5

난이도
★★★
★★

✔ 원의 지름　　✔ 작도　　✔ 의사소통 역량　　✔ 추론 역량　　✔ 융통성　　✔ 정교성

다음과 같은 　규칙　에 따라 원을 이어 붙이려고 합니다. 물음에 답하시오.

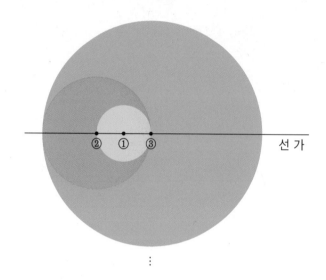

선 가

⋮

> **규칙**
>
> 1. 점 ①을 원의 중심으로 하여 반지름이 1 cm인 원을 그립니다.
> 2. 선 가와 첫 번째 원이 만나는 왼쪽 점을 중심으로 하여 반지름이 2 cm인 원을 그립니다.
> 3. 선 가와 두 번째 원이 만나는 오른쪽 점을 중심으로 하여 반지름이 4 cm인 원을 그립니다.
> 4. 선 가와 세 번째 원이 만나는 왼쪽 점을 중심으로 하여 반지름이 8 cm인 네 번째 원을 그립니다.
> 5. 선 가와 네 번째 원이 만나는 오른쪽 점을 중심으로 하여 반지름이 16 cm인 다섯 번째 원을 그립니다.
> 6. 같은 방법으로 선 가와 원이 만나는 왼쪽 점과 오른쪽 점을 중심으로 하여 번갈아가며 원을 그립니다.

(1) 다섯 번째 원의 중심과 첫 번째 원의 중심 사이의 거리를 구하시오.

정답 ....

(2) 여덟 번째 원의 중심과 다섯 번째 원의 중심 사이의 거리를 구하시오.

정답 ....

6 난이도 ★★★ ★★

✔ 시각과 시간   ✔ 시간표   ✔ 문제해결 역량   ✔ 정보처리 역량   ✔ 연결 역량   ✔ 유창성   ✔ 정교성

A 도시와 B 도시 사이에는 일정한 시간마다 기차가 오고 갑니다. 기차가 각 도시까지 가는 데 걸리는 시간과 운행 규칙이 다음 표와 같을 때, 물음에 답하시오.

A 도시에서 B 도시로 가는 기차	B 도시에서 A 도시로 가는 기차
• B 도시까지 가는 데 걸리는 시간: 2시간 40분 • 기차 출발 시간: 오전 8시부터 오후 8시까지 • 배차 간격: 30분 간격	• A 도시까지 가는 데 걸리는 시간: 2시간 20분 • 기차 출발 시간: 오전 8시부터 오후 8시까지 • 배차 간격: 40분 간격으로 운행

(1) 다음은 기차 운행표의 일부입니다. 빈칸에 알맞은 시간을 써 넣으시오.

A 도시에서 B 도시로 가는 기차		B 도시에서 A 도시로 가는 기차	
출발	도착	출발	도착
8시		10시	
	15시 10분		18시 20분
	21시 40분		21시

(2) A 도시에서 12시 30분에 출발한 기차가 B 도시에 도착할 때까지 마주친 기차는 총 몇 대인지 구하고, 그 이유를 설명하시오.

(단, 모든 열차는 지연되지 않으며, 걸리는 시간은 항상 동일합니다.)

정답 ....

이유 ....

....

....

....

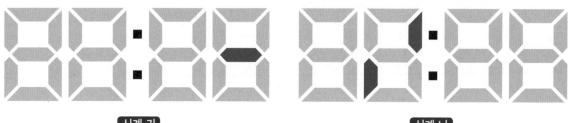

다음과 같이 숫자로 시각을 나타내는 디지털 시계가 2개 있습니다. 시계 가 는 분을 나타내는 부분의 숫자가 고장났고, 시계 나 는 시간을 나타내는 부분의 숫자가 고장나서 정확한 시각을 나타낼 수 없습니다. 물음에 답하시오.

(단, 이 디지털 시계는 00:00부터 23:59까지 24시간 표시가 가능합니다.)

시계 가   시계 나

(1) 디지털 시계의 고장난 부분이 아래 그림과 같을 때 다음 예시 와 같이 서로 같은 모양으로 보이는 경우를 찾아 쓰시오.

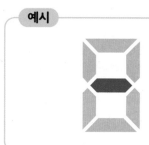

예시

0과 8
0과 8이 같은 모양으로 보인다.

정답 ....

(2) 시계 가 에서 오후 1시부터 오후 3시 사이에 서로 다른 시각이지만 같은 시각으로 나타나
는 경우는 모두 몇 가지인지 구하시오.

> **예시**
>
> 10:00와 10:08은 서로 다른 시각이지만 같은 시각으로 나타난다.
> → 한 가지 경우로 본다.

정답 ....

(3) 시계 나 에서 오전 6시부터 오후 7시 전까지 서로 다른 시각이지만 같은 시각으로 3번 나
타나는 경우는 모두 몇 가지인지 구하시오.

정답 ....

8

난이도
★ ★ ★
☆ ☆

✔ 무게   ✔ 무게의 합   ✔ 조건에 맞게 모으기   ✔ 경우의 수   ✔ 문제해결 역량
✔ 정보처리 역량   ✔ 연결 역량   ✔ 유창성   ✔ 정교성

택배로 도착한 짐 가~바를 수레 3개에 나누어 담아 이동하려고 합니다. 각 수레에 실을 수 있는 최대 무게와 옮겨야 하는 짐의 무게를 표로 나타내면 다음과 같습니다. 물음에 답하시오.

수레	수레 A	수레 B	수레 C
실을 수 있는 최대 무게	20 kg	15 kg	10 kg

짐	무게	짐	무게
가	8 kg 400 g	라	6 kg 100 g
나	9 kg 200 g	마	2 kg 800 g
다	5 kg 300 g	바	6 kg 400 g

(1) 수레 A만을 이용하여 짐을 최대한 무겁게 옮기려고 할 때, 실어야 하는 짐을 모두 나열해 보시오.

정답 ....

(2) 수레 A, B, C를 이용하여 모든 짐을 나누어 담으려고 합니다. 수레 C에 짐을 최대한 무겁게 실으려고 할 때, 가능한 방법을 모두 나열해 보시오.

　　　(단, 표의 칸 수는 정답과 무관하며, 더 이상 방법이 없는 경우 빈칸으로 둡니다.)

정답	수레 A	수레 B	수레 C

III

규칙성

연계 교육과정 확인하기

초등 2학년

- **2-1** 세 자리 수
- **2-1** 덧셈과 뺄셈
- **2-1** 곱셈
- **2-2** 네 자리 수
- **2-2** 곱셈구구

초등 3학년

- **3-1** 덧셈과 뺄셈
- **3-1** 곱셈
- **3-1** 분수와 소수
- **3-2** 곱셈
- **3-2** 나눗셈
- **3-2** 분수

규칙성 영역에서 자주 출제되는 유형

- 타일 붙이기
- 무늬 꾸미기
- 수 퍼즐
- 도형 퍼즐(펜타미노, 헥사미노 등)
- 규칙에 따라 그리기(사각형, 원 등)
- 수 나열 규칙 찾기
- 순환 규칙 찾기(수, 분수, 도형 등)
- 점멸 규칙 찾기
- 증가 규칙 찾기
- 실생활 게임 규칙(사다리타기, 과녁판, 연산 게임 등)
- 교환 규칙 찾기
- 실생활 융합 연계

규칙성 영역 한눈에 익히기

3학년에서는 명시적으로 규칙에 대해 배우지 않습니다. 하지만 경시대회나 영재원교육원 지필시험에서 가장 중요하게 다뤄지고 있는 유형이 바로 '규칙성' 유형입니다. 규칙을 찾고, 규칙에 따라 주어진 문제를 해결하는 과정은 문제해결 능력, 추론 능력, 수학적 의사소통 능력, 독창성, 유창성, 융통성, 정교성 등 수학의 전반적인 역량을 모두 평가할 수 있기 때문입니다.

또한, 규칙성 영역은 모든 영역과 융합 연계가 가능합니다. 수와 연산, 도형과 측정, 자료와 가능성 모든 영역에서 다양한 유형으로 규칙성 영역과 연계가 쉽습니다.

3학년 교육과정 내에서 살펴볼 수 있는 '규칙성' 내용은 2학년에서 다룬 우리 주변의 물체, 무늬, 수 등의 배열에서 규칙을 찾아 여러 가지 방법으로 나타내거나 특정한 규칙에 따라 물체, 무늬, 수를 배열하는 과정입니다. 따라서 기본적으로 '수'나 '도형'을 일정한 규칙에 따라 나열하는 문항이 출제될 수 있습니다.

각 영역별로 살펴보면, 먼저 수와 연산 영역에서는 수를 다양하게 나열하는 방법(증가, 감소, 순환)에 관한 문항, 수 체계와 관련하여 수의 자릿수 개념을 이용한 번호를 매기거나 덧셈표·곱셈표를 이용한 수의 나열 문항, 사칙연산과 관련해서 다양한 수 퍼즐 문항이 출제될 수 있습니다. 또한, 점멸 규칙이나 순환 규칙과 같이 일정한 수가 다양한 규칙에 따라 반복되는 문항도 자주 출제되는 유형의 문항입니다.

다음으로 도형 영역에서는 삼각형, 사각형을 이용한 규칙적인 타일 무늬 꾸미기(증가 규칙, 순환 규칙 등) 문항, 3학년에서 중요하게 다루는 원의 지름·반지름과 연계한 규칙성 문항이 다뤄집니다. 이외에도 펜토미노, 헥사트렉스 등 수학적 창의성을 측정할 수 있는 퍼즐 문항도 자주 출제되는 유형입니다. 이런 문항을 접하게 될 경우, 문제에 주어진 규칙에 따라 쉬운 예시를 몇 개를 구하거나 그림을 그려보며 규칙을 익혀 보는 것도 중요합니다.

특정 영역과 연계한 문항 이외에도 실생활과 연계된 규칙을 문제해결에 이용하는 문항, 수학적 창의성과 융통성을 요구하는 창의융합형 문항도 규칙성 영역에서 접할 수 있습니다. 이 경우 수학적 문제해결 능력뿐만 아니라 규칙을 서술하는 과정을 이해할 수 있는 문해력이 필요합니다. 문제에서 제시하는 조건과 규칙을 하나하나 자세히 살펴보고, 예시를 바탕으로 문제를 이해하는 연습을 꾸준히 해야 합니다.

1 ✔ 정사각형 ✔ 타일 붙이기 ✔ 무늬 꾸미기 ✔ 문제해결 역량 ✔ 추론 역량
✔ 정교성 ✔ 융통성

난이도
★☆☆
☆☆

한 변의 길이가 20 cm인 노란색 정사각형 타일과 한 변의 길이가 10 cm인 파란색 · 빨간색 정사각형 타일을 이용하여 일정한 규칙에 따라 다음 그림과 같은 무늬를 만들었습니다. 이 무늬를 이용하여 가로 9 m, 세로 2 m인 벽면을 채울 때, 필요한 노란색 · 파란색 · 빨간색 정사각형 타일의 개수를 각각 구하시오.

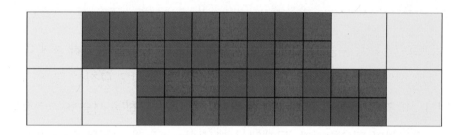

정답 노란색 정사각형 타일: ....

파란색 정사각형 타일: ....

빨간색 정사각형 타일: ....

2

난이도
★★★
☆☆

✓ 사칙연산 ✓ 헥사트렉스 퍼즐 ✓ 벌집 퍼즐 ✓ 문제해결 역량 ✓ 추론 역량 ✓ 융통성
✓ 독창성

보기 와 같이 서로 붙어있는 육각형을 따라 식을 완성할 수 있습니다. 다음 그림에서 완성할 수 있는 식을 쓰시오.

보기

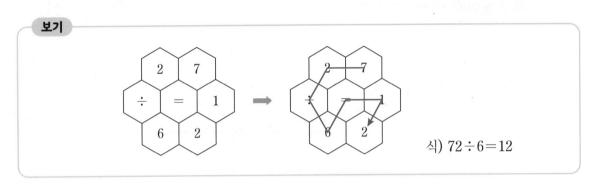

식) $72 \div 6 = 12$

(1)

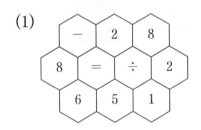

정답 .... $= 56$

(2)

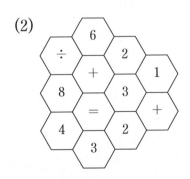

정답 $23 = 48 \div$

3 난이도 ★★★ ☆☆

✓ 평면도형 ✓ 장애물 설치 ✓ 도형 퍼즐 ✓ 추론 역량 ✓ 정보처리 역량 ✓ 연결 역량
✓ 독창성 ✓ 정교성

다음과 같은 퍼즐판에서 검은색 블록이 놓인 곳에는 모양 조각을 올려놓을 수 없습니다. 퍼즐판에 아래 그림과 같은 모양 조각을 1개도 올려놓을 수 없게 하려면, 최소 몇 개의 검은색 블록을 놓아야 하는지 구하시오.

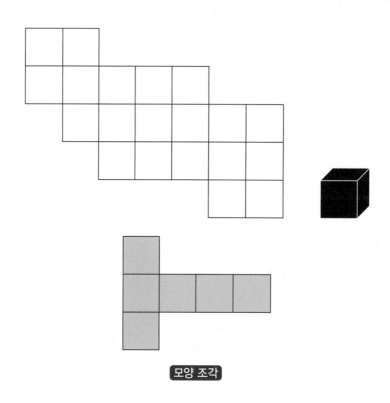

모양 조각

정답 ....

4

✓ 원 ✓ 직사각형 ✓ 규칙에 따라 그리기 ✓ 증가 규칙 ✓ 추론 역량 ✓ 의사소통 역량
✓ 문제해결 역량 ✓ 융통성 ✓ 정교성

난이도
★ ★ ★
☆ ☆

다음 그림과 같이 반지름의 길이가 1 cm인 원을 서로 맞대어 붙이거나 원의 중심을 지나도록
이어 붙여 무늬를 만들었습니다. 그리고 만든 무늬를 둘러싸는 직사각형을 그렸습니다. 이와
같은 과정을 반복할 때, 7단계에서 그려지는 직사각형의 가로와 세로의 길이의 차를 구하
시오.

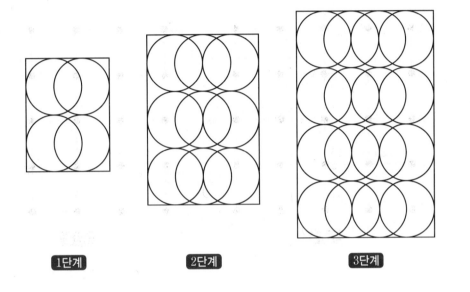

1단계   2단계   3단계   ...

정답 ....

정사각형 모양의 판에 25개의 점이 있을 때, 다음과 같이 일정한 규칙에 따라 수를 차례로 적습니다. 이 정사각형 모양의 판의 25개의 점에 수를 모두 적고 나면, 적은 수를 모두 지운 후 다시 규칙에 따라 수를 이어서 적습니다. 이와 같이 규칙에 따라 수를 적어 나갈 때, 486은 어떤 점에 적히는지 표시하시오.

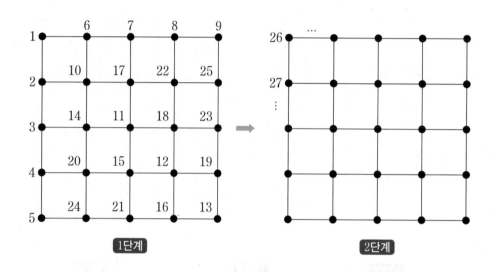

1단계   2단계

정답

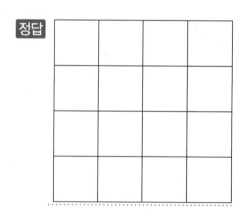

6

난이도
★★★
☆☆

✓ 덧셈　　✓ 점멸 규칙 찾기　　✓ 실생활 융합 연계　　✓ 정보처리 역량　　✓ 연결 역량
✓ 융통성　　✓ 정교성

누르면 불빛이 들어오는 버튼이 있습니다. 불빛이 꺼져 있는 상태에서 이 버튼을 1번 누르면 불빛이 켜지고, 버튼을 2번 누르면 불빛이 깜빡이며, 버튼을 3번 누르면 다시 불빛이 꺼집니다.

1번　　　　2번　　　　3번

이 버튼이 다음 그림과 같은 상태로 나열되어 있을 때, 모두 같은 상태로 만들기 위해 버튼을 가장 적게 누를 수 있는 방법은 몇 번인지 구하시오.

정답 ....

7 난이도 ★★★☆☆

✔ 수 체계   ✔ 번호 매기기   ✔ 번호 규칙 찾기   ✔ 실생활 융합 연계   ✔ 추론 역량
✔ 의사소통 역량   ✔ 연결 역량   ✔ 융통성   ✔ 유창성

체육관의 사물함에 숫자 '4'를 사용하지 않고 특별한 규칙에 따라 차례대로 번호를 붙이려고 합니다. 사물함의 마지막 칸인 제일 아래에서 오른쪽 칸에 붙이는 번호가 '⑧35'일 때, 이 체육관의 사물함은 모두 몇 칸으로 되어 있는지 구하시오.

(단, '4'가 들어가는 경우는 뛰어 넘고 번호를 매깁니다.)

①1	①2	①3	①5	①6	①7	①8	①9	①10	①11
②1	②2	②3	②5	②6	②7	②8	②9	②10	②11
③1	③2	③3	③5	③6	③7	③8	③9	③10	③11
⑤1	⑤2	⑤3	⑤5	⑤6	⑤7	⑤8	⑤9	⑤10	⑤11

...

⑧35

정답 ....

8 난이도 ★★★ ★★

✓ 곱셈 ✓ 덧셈 ✓ 증가 규칙 찾기 ✓ 순환 규칙 찾기 ✓ 실생활 융합 연계 ✓ 문해력 유형
✓ 의사소통 역량 ✓ 문제해결 역량 ✓ 정보처리 역량 ✓ 유창성 ✓ 독창성

다음은 나뭇가지와 나뭇잎이 홀수 개로 자라는 신비의 나무에 대한 설명입니다.

신비의 나무는 1개의 줄기에서 나뭇가지가 홀수 개, 나뭇잎도 홀수 개 자랍니다. 또한, 1개의 나뭇가지에 달린 나뭇잎이 일정한 수가 되면 꽃이 핍니다. 이 신비의 나무의 특징은 다음과 같습니다.

• 처음 이 나무는 1개의 줄기에 나뭇가지는 3개, 나뭇잎은 0개였다.
• 나뭇가지는 일주일이 될 때마다 2개씩 늘어난다.
• 매주 1일 차부터 1개의 나뭇가지에 나뭇잎은 다음 표와 같이 새로 자란다.

	1일 차	2일 차	3일 차	4일 차	5일 차	6일 차	7일 차
나뭇잎의 개수(개)	5	3	1	5	3	1	0

• 1개의 나무에 나뭇잎이 20개가 넘을 때마다 꽃이 1송이씩 핀다.
• 한번 생긴 나뭇가지, 나뭇잎, 꽃은 지지 않고 계속 자란다.

다음은 첫 일주일간의 신비의 나무를 관찰하여 정리한 표입니다.

	1일 차	2일 차	3일 차	4일 차	5일 차	6일 차	7일 차
새로 생기는 나뭇가지의 개수(개)	0	0	0	0	0	0	2
나뭇가지의 개수(개)	3	3	3	3	3	3	5
새로 생기는 나뭇잎의 개수(개)	5×3	3×3	1×3	5×3	3×3	1×3	0×5
나뭇잎의 개수(개)	15	24	27	42	51	54	54
꽃의 개수(개)	0	1	1	2	2	2	2

신비의 나무에 나뭇잎의 개수가 처음으로 200개를 넘을 때는 몇 주차인지 구하고, 처음으로 꽃을 30송이 피웠을 때는 몇 주 차인지 각각 구하시오.

정답 • 나뭇잎의 개수가 처음으로 200개를 넘을 때:
....

• 처음으로 꽃을 30송이 피웠을 때:
....

영재교육원 대비

1 난이도
★★☆
☆☆

✔ 정사각형 ✔ 증가 규칙 찾기 ✔ 타일 붙이기 ✔ 규칙에 따라 무늬 꾸미기 ✔ 추론 역량
✔ 문제해결 역량 ✔ 정교성 ✔ 독창성

다음과 같이 보라색 타일과 흰색 타일을 일정한 규칙에 따라 이어 붙였습니다. 물음에 답하시오.

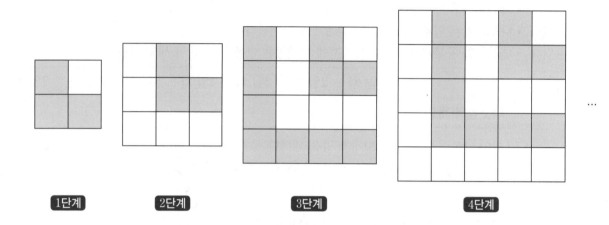

1단계   2단계   3단계   4단계

(1) 타일 630개로 만들 수 있는 가장 큰 무늬는 몇 단계인지 구하시오.

정답 ....

(2) 7단계에서 필요한 보라색 타일과 흰색 타일의 개수를 각각 구하시오.

정답 보라색 타일: , 흰색 타일:

(3) 9단계에서 필요한 보라색 타일과 흰색 타일의 개수의 차를 구하시오.

정답

2 ✔ 평면도형   ✔ 육각형   ✔ 점멸 규칙 찾기   ✔ 벌집 퍼즐   ✔ 추론 역량   ✔ 문제해결 역량
✔ 융통성   ✔ 정교성

난이도
★ ★ ★
☆ ☆

불빛을 낼 수 있는 흰색과 노란색 육각형 모양의 LED 블록을 이용하여 무늬를 만들었습니다. 물음에 답하시오. (단, LED는 전기가 흐르면 빛을 내는 전기 장치입니다.)

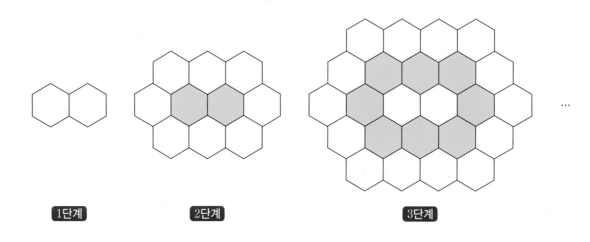

1단계   2단계   3단계

(1) 4단계 모양에서 필요한 흰색 육각형 모양의 LED 블록과 노란색 육각형 모양의 LED 블록의 개수를 각각 구하시오.

　　　　　정답 • 흰색 육각형 모양의 LED 블록: ....

　　　　　　　　• 노란색 육각형 모양의 LED 블록: ....

(2) 6단계 모양에서 흰색 육각형 모양의 LED 블록과 노란색 육각형 모양의 LED 블록 중 어떤 블록이 더 많은지 쓰고, 두 육각형 모양의 LED 블록의 개수의 차를 구하시오.

정답

3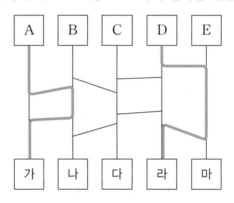

✔ 선과 선분　　✔ 게임 퍼즐　　✔ 사다리타기 게임　　✔ 실생활 융합 연계　　✔ 추론 역량
✔ 문제해결 역량　✔ 정보처리 역량　✔ 연결 역량　✔ 독창성　✔ 융통성　✔ 유창성

난이도
★★★
★☆

다음과 같은 **규칙** 에 따라 사다리타기 게임을 만들었습니다. 물음에 답하시오.

규칙

① 각 출발점 A, B, C, D, E에서 사다리타기 게임을 시작한다.
② 세로줄을 타고 아래로 내려간다.
③ 가로줄을 만날 때마다 가로줄로 연결된 다른 세로줄로 옮겨가 다시 아래로 내려간다.
④ 도착점에 도착할 때까지 ②와 ③을 반복한다.
예를 들어, 이와 같은 규칙에 따라 A → 가, D → 라의 결과를 얻을 수 있다.

---

(1) **규칙** 에 따라 사다리타기 게임을 했을 때, 다음 게임의 결과를 쓰시오.

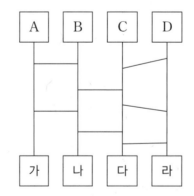

정답 A → (　　　　), B → (　　　　), C → (　　　　), D → (　　　　)

(2) 가로선 3개를 그어 다음과 같은 **결과** 가 나올 수 있도록 서로 다른 사다리 2가지를 완성하시오.

결과

$$A \rightarrow 라, \quad B \rightarrow 가, \quad C \rightarrow 다, \quad D \rightarrow 나$$

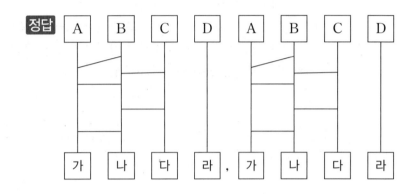

(3) 가로선 6개를 그어 다음과 같은 **결과** 가 나올 수 있도록 서로 다른 사다리 4가지를 완성하시오.

결과

$$A \rightarrow 나, \quad B \rightarrow 다, \quad C \rightarrow 가, \quad D \rightarrow 라$$

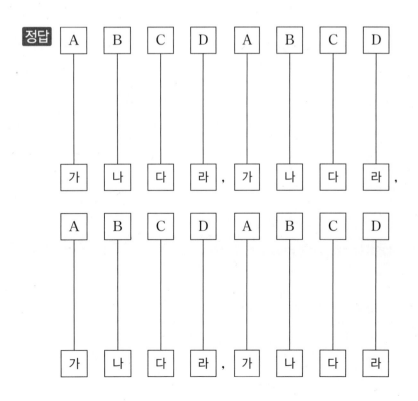

✓ 원   ✓ 지름과 반지름   ✓ 나눗셈   ✓ 규칙에 따라 그리기   ✓ 원의 증가 규칙 찾기
✓ 의사소통 역량   ✓ 문제해결 역량   ✓ 정보처리 역량   ✓ 융통성   ✓ 정교성

난이도
★ ★ ★
★ ☆

다음과 같은 규칙 에 따라 원을 그려 나가려고 합니다. 물음에 답하시오.

규칙

① 1단계: 지름의 길이가 4 cm인 원을 그립니다.
② 2단계: 1단계의 원 안에 지름의 길이가 2 cm인 원 2개를 서로 맞닿도록 그립니다.
③ 3단계: 2단계의 원 안에 지름의 길이가 1 cm인 원 4개를 서로 맞닿도록 그립니다.
이와 같은 과정을 반복하여 원을 그립니다.

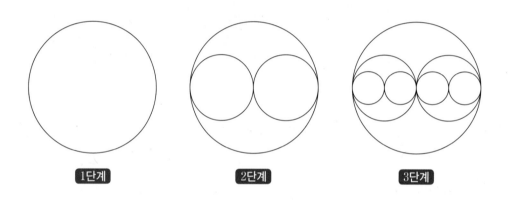

(1) 5단계에서 그릴 수 있는 크고 작은 원은 모두 몇 개인지 구하시오.

정답 ....

(2) 8단계에서 그릴 수 있는 가장 큰 원의 지름의 길이는 가장 작은 원의 지름의 길이의 몇 배인지 구하시오.

정답 ....

(3) 10단계에서 그릴 수 있는 크고 작은 모든 원의 지름의 길이의 합을 구하시오.

정답 ....

✔ 원 ✔ 지름과 반지름 ✔ 곱셈 ✔ 원의 증가 규칙 찾기 ✔ 실생활 융합 연계
✔ 의사소통 역량 ✔ 정보처리 역량 ✔ 문제해결 역량 ✔ 융통성 ✔ 정교성

지우는 친구들과 함께 **규칙** 에 따라 원의 중심이 같은 원을 이용하여 과녁판을 만들었습니다.

규칙

① 원은 총 5단계로 그리며, 1단계의 원은 5점, 2단계의 원은 4점, …, 5단계의 원은 1점이다.
② 5점인 1단계의 원의 반지름의 길이는 5 cm로 그린다.
③ 각 단계를 거칠 때마다 원의 개수는 1개씩 늘어난다. 즉, 1단계는 원이 1개, 2단계는 원이
　2개, 3단계는 원이 3개이다.
④ 같은 단계에서는 원의 반지름의 길이가 2 cm씩 커지게 그린다.
⑤ 다음 단계의 첫 번째 원은 앞 단계의 마지막 원의 반지름의 길이보다 5 cm 더 크게 그린다.

예시 를 참고하여 물음에 답하시오.

예시

1단계: 반지름의 길이가 5 cm인 원을 1개 그리고, '5점'이라고 쓴다.
2단계: 원의 중심을 같게 한 후, 반지름의 길이가 10 cm인 원 1개, 반지름의 길이가 12 cm
　　　인 원 1개를 그리고, '4점'이라고 쓴다.
3단계: 원의 중심을 같게 하여 반지름의 길이가 17 cm, 반지름의 길이가 19 cm, 반지름의
　　　길이가 21 cm인 원을 1개씩 그리고, '3점'이라고 쓴다.

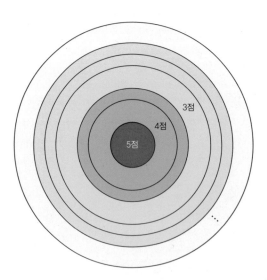

(1) 2점인 원의 반지름의 길이를 모두 구하시오.

정답 ....

(2) 1단계부터 5단계까지 과녁판을 완성했을 때, 이 과녁판의 반지름의 길이를 구하시오.

정답 ....

(3) 완성한 과녁판을 장난감 화살로 맞추는 게임을 했습니다. 게임의 점수는 화살이 맞힌 과녁판의 원의 반지름의 길이와 그 원의 점수를 곱하여 구합니다. 총 5발의 화살을 쏴서 서로 다른 원에 맞혔을 때, 점수의 합이 제일 큰 경우는 몇 점인지 구하시오.

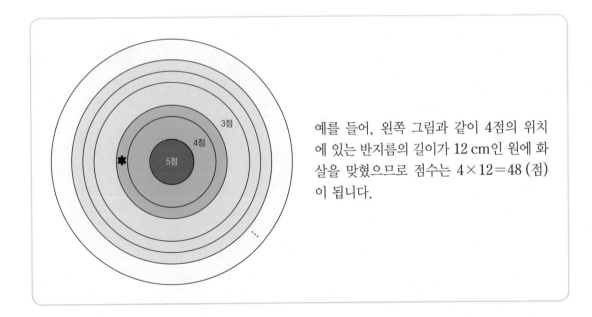

예를 들어, 왼쪽 그림과 같이 4점의 위치에 있는 반지름의 길이가 12 cm인 원에 화살을 맞혔으므로 점수는 4×12=48 (점)이 됩니다.

정답 ....

✔ 분수의 개념   ✔ 가분수   ✔ 진분수   ✔ 순환 규칙 찾기   ✔ 분수의 개수 구하기
✔ 문제해결 역량   ✔ 정보처리 역량   ✔ 융통성   ✔ 유창성

난이도
★★★
★☆

분수의 분모와 분자가 다음 규칙 에 따라 변할 때, 물음에 답하시오.

규칙

분자와 분모는 1초에 한 번씩 수가 변하며, 분자와 분모는 각각 다른 규칙에 따라 변합니다.
단, 분자와 분모를 통분하지 않습니다.

■ 분자
1부터 2씩 커지다가 21이 되면 다시 2씩 작아집니다. 다시 1이 되면 2씩 커지다가 21이 되면 2씩 작아지는 이 과정을 반복합니다.
$1 \rightarrow 3 \rightarrow 5 \rightarrow \cdots \rightarrow 21 \rightarrow 19 \rightarrow \cdots \rightarrow 1 \rightarrow 3 \rightarrow 5 \rightarrow \cdots$

■ 분모
21부터 3씩 작아지다가 3이 되면 다시 3씩 커집니다. 다시 21이 되면 3씩 작아지다가 3이 되면 3씩 커지는 이 과정을 반복합니다.
$21 \rightarrow 18 \rightarrow 15 \rightarrow \cdots \rightarrow 3 \rightarrow 6 \rightarrow \cdots \rightarrow 21 \rightarrow 18 \rightarrow 15 \rightarrow \cdots$

(1) 분자에 올 수 있는 수는 모두 몇 가지인지 구하시오.

정답 ....

● 정답 및 해설 42쪽

(2) 20초 동안 가분수는 모두 몇 번 나타나는지 구하시오.

정답 ·······································

7

✓ 논리 퍼즐　　✓ 기호 퍼즐　　✓ 교환 규칙 찾기　　✓ 정보처리 역량　　✓ 추론 역량
✓ 의사소통 역량　　✓ 융통성　　✓ 독창성

난이도
★★★
★☆

다음은 도형의 나열된 모양을 바꾸는 **규칙** 입니다.

규칙 1 : ◉ → ☆◉ / **규칙 2** : ☆☆☆ → ◉◉

(단, 규칙은 필요한 부분에서만 적용할 수 있습니다.)

예를 들어, 다음은 **규칙** 에 따라 모양 ☆◉◉를 모양 ◉◉◉◉로 바꾸어 나열하는 과정입니다.

☆◉◉　　→　　☆☆◉◉　　→　　☆☆☆◉◉　　→　　◉◉◉◉
　　　　　규칙 1　　　　　**규칙 1**　　　　　**규칙 2**

다음 물음에 답하시오.

(1) 다음은 **규칙 1** 과 **규칙 2** 에 따라 모양 ◉◉◉를 ◉◉◉◉◉로 바꾸어 나열하는 과정입니다. 빈칸에 들어갈 모양을 그려보시오.

◉◉◉ → ☆◉◉◉ → ㉠ → ㉡ → ◉◉◉◉◉

정답 ㉠:　　　　　　　　 , ㉡:

(2) 이번에는 다음과 같은 규칙 3 을 추가했습니다.

> 규칙 3 : ⊙☆☆ → ⊙☆⊙

규칙 을 모두 이용하여 모양 ⊙☆⊙를 각각 ⊙⊙⊙⊙⊙, ⊙⊙⊙⊙⊙⊙⊙로 바꾸어 나열할 수 있습니다. 그 과정을 그림으로 그려보시오.

정답

① ⊙☆⊙ →
....
....→ ⊙⊙⊙⊙⊙
....

② ⊙☆⊙ →
....
....→ ⊙⊙⊙⊙⊙⊙⊙
....

8 ✔ 순환 규칙 찾기　✔ 문해력 유형　✔ 실생활 융합 연계　✔ 의사소통 역량　✔ 정보처리 역량

난이도　✔ 추론 역량　✔ 연결 역량　✔ 유창성　✔ 독창성　✔ 융통성

★★★
★★

다음은 전염성이 강한 세균 A에 대한 설명입니다. 물음에 답하시오.

1. 세균 A는 감염된 후 2일의 잠복기를 거친 뒤에 발현된다. (즉, 감염 3일 차에 발현된다.)
2. 이 세균 A는 발현되는 즉시 변끼리 맞닿아 있는 직사각형 세포에 세균 A를 감염시킨다.

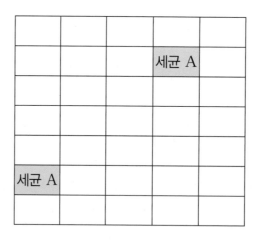

1일 차　　　　　　　　　　3일 차

3. 이 세균 A는 발현된 지 7일 차에 죽게 되며, 세균이 죽은 자리에는 더 이상 세균 A의 감염이 일어나지 않는다.

(1) 다음 두 곳에 세균 A가 발현되었다면, 6일 차에 세균 A가 발현된 세포는 모두 몇 개인지 구하시오.

정답 ....

(2) 모든 세균 A는 며칠 차에 모두 사라지게 되는지 구하시오.

			세균 A	
세균 A				

정답 ....

IV

자료와 가능성

연계 교육과정 확인하기

초등 2학년

2-2 표와 그래프

→

초등 3학년

3-2 자료의 정리

자료와 가능성 영역에서 자주 출제되는 유형

- 데이터 분석
- 경우의 수
- 그림그래프
- 시간표
- 세계의 시각
- 시각과 시간

- 자료 변환
- 자료 해석
- 실생활 융합 연계
- 게임 융합형(게임 결과 분석, 예측)
- 규칙성 융합
- 자료 연계형

자료와 가능성 영역 한눈에 익히기

자료와 가능성 영역은 다른 영역과 달리 단독으로 출제되는 빈도가 적은 영역입니다.

주로 수와 연산 영역, 도형과 측정 영역, 규칙성 영역과 연계하여 출제됩니다. 하지만 최근 인공 지능과 빅 데이터의 중요성이 강조됨에 따라 일상생활 속에서 정보를 읽고 해석하여 판단하는 통계 처리 능력이 중요하게 여겨지고 있습니다. 따라서 문제의 조건 속에 주어진 표나 그래프를 보고 정보를 파악하여 다양한 창의융합(연결)형 문항을 해결할 수 있는 역량을 갖추어야 합니다.

2학년에서 표와 그래프를 처음 접하기 시작하여 3학년 2학기 자료의 정리 단원에서 본격적으로 자료를 다루게 됩니다.
자료의 정리 단원에서는 실생활 자료를 수집하여 표로 정리해 보고, 표를 한눈에 보기 쉽게 그림그래프로 변환해 봅니다. 이때 정리한 표를 보고 정보를 파악하거나 그림그래프를 보고 문제를 해결하기 위한 조건을 파악하고 판단하는 능력이 중요합니다. 그래프나 표를 자주 접하지 않으면 이 역량을 키우기 힘들기 때문에 평소 실생활 자료와 그래프를 보고 해석해 보는 연습이 필요합니다.

또한, 기본적으로 교육과정에서 다루는 자료와 가능성 영역에서 요구하는 개념을 정확하게 이해하고 있어야 합니다. 필요한 자료를 조건에 따라 분류해 보고, 또 분류한 내용을 표로 정리하고, 정리한 표를 자료의 수량에 맞게 나타내어 보는 일련의 과정을 잘 해결할 수 있어야 합니다. 뿐만 아니라 정보가 변환된 표와 그래프를 보고 해석하고 판단하여 올바른 의사결정도 내릴 수 있어야 합니다.

수학의 다른 영역과 연계된 자료와 가능성 영역의 문제를 해결하기 위해서는 문제에서 요구하는 상황을 바르게 판단해야 합니다. 게임 상황을 주고, 그 게임의 결과를 표로 정리하거나 정리된 게임의 결과를 보고 어떤 과정으로 전개되었는지 추론하는 문항이 그 대표적인 유형입니다.

또한, 3학년에서 다루는 들이, 무게, 길이, 시간 등의 측정 영역을 실생활 속 상황과 연계하여 표와 그래프에서 파악하는 문항, 세계의 시간표를 보고 시차를 파악하는 문항 등이 출제될 수 있습니다.

마지막으로, 확률적 사고에 근거하여 다양한 경우의 수를 구하는 문항이 출제될 수 있습니다. 3학년에서 확률 개념은 다루지 않습니다. 하지만 주어진 문제 상황에 다양한 경우의 수를 구하는 문항은 수학적 창의성을 측정할 수 있는 좋은 척도가 되기 때문에 자주 출제되는 유형입니다.

따라서 문제 상황에서 요구하는 경우를 일정한 기준에 따라 분류해 보고, 각 기준마다 어떤 경우가 나올 수 있는지 차근차근 빠짐없이 세어볼 수 있어야 합니다.

1

✔ 표 ✔ 시각과 시간 ✔ 시간표 ✔ 자료해석 ✔ 정보처리 역량 ✔ 문제해결 역량
✔ 연결 역량 ✔ 융통성 ✔ 정교성

난이도
★ ★ ★
☆ ☆

다음은 육상 선수인 세연이의 겨울 육상 캠프의 기간과 훈련 계획 시간표입니다. 이 기간 동안 세연이가 가장 많은 횟수로 한 훈련과 적은 횟수로 한 훈련의 시간 차를 구하시오.

겨울 육상 캠프! 11월 20일(월)~12월 21일(목)

	월	화	수	목	금
오전 8시~오전 8시 40분	스트레칭	조깅	조깅	스트레칭	조깅
오전 9시~오전 11시 20분	달리기 훈련	점프 훈련	달리기 훈련	달리기 훈련	점프 훈련
오후 1시~오후 2시 20분	팀 훈련	줄넘기	팀 훈련	줄넘기	팀 훈련
오후 2시 40분~오후 4시	달리기 훈련	1:1 훈련	달리기 훈련	1:1 훈련	달리기 훈련
오후 4시 30분~오후 5시 30분	근력 운동	요가	근력 운동	요가	근력 운동

정답 ....

2 난이도 ★★★ ★☆

✔ 그림그래프 ✔ 세 자리 수 ✔ 자료 해석 ✔ 실생활 융합 연계 ✔ 정보처리 역량
✔ 문제해결 역량 ✔ 연결 역량 ✔ 융통성 ✔ 정교성

다음은 햄버거 가게에서 판매 중인 세트 메뉴의 구성과 일주일 동안 팔린 각 세트의 수를 그림그래프로 나타낸 것입니다. 햄버거, 콜라(소), 콜라(대), 감자튀김 중에서 일주일 동안 가장 많이 팔린 음식과 가장 적게 팔린 음식을 쓰고, 팔린 개수의 차를 구하시오.

(단, 계산기를 사용할 수 있습니다.)

- 홀로 세트: 햄버거 + 콜라(소) + 감자튀김
- 행복 세트: 햄버거 2개 + 콜라(소) 2개 + 감자튀김
- 커플 세트: 햄버거 2개 + 콜라(대) + 감자튀김
- 패밀리 세트: 햄버거 4개 + 콜라(대) 2개 + 콜라(소) 2개 + 감자튀김 2개
- 파티 세트: 햄버거 6개 + 콜라(대) 6개 + 감자튀김 6개

세트 명	개수
홀로 세트	
행복 세트	
커플 세트	
패밀리 세트	
파티 세트	

100개   10개   1개

정답
- 가장 많이 팔린 음식: ....
- 가장 적게 팔린 음식: ....
- 팔린 개수의 차: ....

3 난이도 ★★★ ★★

✓ 표　　✓ 시각과 시간　　✓ 세계의 시각　　✓ 자료 해석　　✓ 자료 변환　　✓ 정보처리 역량
✓ 추론 역량　　✓ 연결 역량　　✓ 융통성　　✓ 독창성

세계협정시(UTC)란 국제적으로 표준 시간의 기준으로 쓰이는 시각입니다. 전세계에서 열리는 각종 회의와 일정 등은 세계협정시를 따르고 있습니다. 각 나라의 도시별 시각을 세계협정시를 기준으로 나타내면 다음 표1과 같고, 각 도시에서 서울 회의장까지 비행 시간을 포함한 이동 시간은 표2와 같습니다. 이때 서울에서 12일 오후 3시에 개최하는 회의에 참석하기 위해 각 도시에서는 최소 몇 시에 출발해야 하는지 각각 구해 보시오.

런던	세계협정시 + 0	시드니	세계협정시 + 11
로스앤젤레스	세계협정시 − 8	서울	세계협정시 + 9
뉴욕	세계협정시 − 5	파리	세계협정시 + 1

표1 각 나라의 도시별 시각

런던	12시간 30분	시드니	10시간 30분
로스앤젤레스	13시간	서울	—
뉴욕	15시간	파리	12시간

표2 각 도시에서 서울 회의장까지 비행 시간을 포함한 이동 시간

정답			
런던	일 (오전/오후)	시	분 출발
로스앤젤레스	일 (오전/오후)	시	분 출발
뉴욕	일 (오전/오후)	시	분 출발
시드니	일 (오전/오후)	시	분 출발
파리	일 (오전/오후)	시	분 출발

4

난이도
★ ★ ★
☆ ☆

✔ 표	✔ 시각과 시간	✔ 시간표	✔ 자료 해석	✔ 정보처리 역량	✔ 문제해결 역량
✔ 연결 역량	✔ 융통성	✔ 정교성			

다섯 명의 친구들이 1에서 50까지의 수가 크기순으로 나열된 말판을 이용하여 퀴즈 놀이를 하고 있습니다. 말판의 1의 위치에서 시작하여 퀴즈를 맞추면 앞으로 5칸 또는 7칸씩 이동하고, 퀴즈를 틀리면 뒤로 3칸씩 이동합니다. 다섯 명의 친구가 10분 동안 각각 퀴즈를 푼 후, 이동한 말판의 위치를 표로 나타내면 다음과 같습니다.

이름	말의 위치
서후	38
지연	40
재영	34
선재	32
지수	39

다섯 명의 친구들은 모두 퀴즈를 1개 이상 틀렸다고 할 때, 친구들이 이동한 방법을 서후와 같은 방법으로 쓰시오. (단, 모두 10개 이하로 퀴즈를 풉니다.)

정답	서후	5칸씩 8번(앞), 3칸씩 1번(뒤)
	지연	
	재영	
	선재	
	지수	

어떤 택배 회사가 가~마 지역에 물품을 배송해야 하는데, 택배 배송 시간을 최소로 하여 택배 배송 경로를 계획하려고 합니다. 각 지역 간의 배송 시간이 다음 표와 같을 때, 물음에 답하시오.

(단위: 시간)

	가	나	다	라	마
가		3	2	2	6
나	3		3	6	4
다	2	3		2	4
라	2	6	2		7
마	6	4	4	7	

(1) 각 지역 간의 배송 시간을 나타낸 표를 그림으로 나타내려고 합니다. 지역 가~마는 원 안에, 지역 간의 배송 시간은 지역끼리 이은 선 위에 숫자로 나타낼 때, 다음 그림을 완성하시오.

정답

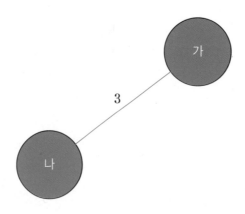

(2) 가 지역에서 출발하여 가장 빠르게 모든 지역에 택배를 배송하는 방법을 쓰시오.

정답 가 →   →   →   →

2

✔ 최소 구하기 ✔ 자료 해석 ✔ 실생활 융합 연계 ✔ 정보처리 역량 ✔ 추론 역량
✔ 의사소통 역량 ✔ 연결 역량 ✔ 융통성 ✔ 유창성 ✔ 독창성

난이도
★ ★ ★
★ ☆

다음은 풍선 게임에 대한 설명입니다. 물음에 답하시오.

도전! 풍선 게임 1000원에 5발

풍선 게임은 3 m 거리에서 핀을 던져 풍선을 맞추는 게임입니다. 핀은 5발 단위로 구매할 수 있으며, 1000원에 5발입니다. 해당 줄에 있는 풍선을 모두 터뜨리면 그 줄에 있는 상품을 얻을 수 있습니다. 예를 들어, '가' 상품이 적혀 있는 세로 줄의 풍선 4개를 모두 터뜨리면 '가' 상품을 얻고, B 상품이 적혀 있는 가로 줄의 풍선 8개를 모두 터뜨리면 'B' 상품을 얻습니다.

모두 도전해 보세요!

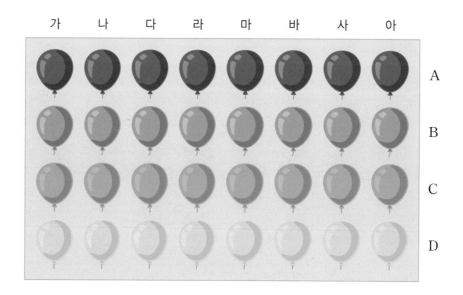

(1) 핀을 던져 총 3개의 상품을 얻었을 때, 필요한 최소 금액을 구하시오.

정답 ....

(2) 핀을 던져 총 4개의 상품을 얻을 수 있는 방법을 모두 쓰고, 각 방법에서 터뜨린 풍선의 최소 개수를 예시 와 같이 구하시오.

> **예시**
>
> 첫 번째 방법은 세로로 4줄의 풍선을 모두 터뜨리는 것으로, 이때 풍선은 최소 16개를 터뜨려야 한다.

정답 두 번째 방법은

(3) 풍선을 모두 20개 터뜨렸을 때, 얻을 수 있는 상품의 최대 개수와 최소 개수를 각각 구하시오.

정답 • 최대 개수:

• 최소 개수:

3 ✔ 시각과 시간 ✔ 일 처리 ✔ 자료 해석 ✔ 자료 변환 ✔ 실생활 융합 연계 ✔ 정보처리 역량
난이도   ✔ 의사소통 역량 ✔ 문제해결 역량 ✔ 연결 역량 ✔ 융통성 ✔ 유창성 ✔ 독창성
★★★
★☆

은행을 방문하는 사람들은 업무에 따라 번호표를 뽑은 후 차례대로 각 업무를 보는 창구에 갑니다. 창구는 은행에서 손님과 돈이나 문서를 주고받을 수 있게 창을 마련하여 직원들이 업무를 처리할 수 있도록 만든 곳입니다. 1번 창구는 가 업무, 2번 창구는 나 업무, 3번 창구는 다 업무를 처리하며, 업무를 처리하는 데 걸리는 시간이 다음과 같습니다. 물음에 답하시오.

(단, 창구에 여러 명이 있을 경우 업무를 동시에 처리할 수 있습니다.)

직원 한 명당 각 업무를
처리하는 데 걸리는 시간

☆ 가 업무: 3분
☆ 나 업무: 2분
☆ 다 업무: 6분

(1) 1번 창구에 2명, 2번 창구에 1명, 3번 창구에 2명의 직원이 있습니다. 다음 표와 같이 1번부터 7번까지의 번호표의 손님의 업무가 모두 끝나는 데 걸리는 시간을 구하시오.

번호표	1	2	3	4	5	6	7
처리 업무	가	다	가	나	다	가	나

정답 ....

(2) 다음과 같은 번호표를 최대한 빠르게 처리하기 위해 6명의 직원을 각 창구에 나누어 배치하고자 합니다. 모든 손님의 업무를 가장 빠르게 처리하기 위해 각 업무 창구로 직원을 몇 명씩 배치해야 하는지 구하고, 이때 걸리는 업무 처리 시간을 구하시오.

번호표	1	2	3	4	5	6	7	8	9	10	11
처리 업무	가	가	다	나	다	가	가	나	다	가	나

정답 • 가 창구:

• 나 창구:

• 다 창구:

• 업무 처리 시간:

4

난이도

★ ★ ★
★ ☆

✓ 농구 게임　　✓ 규칙성　　✓ 자료 해석　　✓ 실생활 융합 연계　　✓ 정보처리 역량
✓ 의사소통 역량　　✓ 추론 역량　　✓ 연결 역량　　✓ 융통성　　✓ 정교성

다음은 농구 게임에 관한 **규칙** 입니다. 물음에 답하시오.

> **규칙**
>
> 농구 게임은 총 5라운드로 진행되고, 골대에 농구공을 넣을 때마다 점수를 얻는다.
> 1라운드에서는 한 골을 넣을 때마다 10점, 2라운드에서는 20점, 3라운드에서는 30점씩 얻게 된다.
> 4라운드에서는 첫 골이 10점에서 시작하여 한 골을 넣을 때마다 10점씩 증가한다. 즉, 골을 넣을 때마다 10점, 20점, 30점, …을 얻게 된다.
> 5라운드에서는 첫 골이 10점에서 시작하여 한 골을 넣을 때마다 20점씩 증가한다. 즉, 골을 넣을 때마다 10점, 30점, 50점, …을 얻게 된다.

(1) 연우가 농구 게임을 한 결과가 다음 표와 같을 때, 연우가 얻게 되는 점수를 구하시오.

라운드	1	2	3	4	5
넣은 농구공의 수(개)	13	10	8	7	4

정답 ....

(2) 재우는 농구 게임 결과 총 17개의 공을 넣었습니다. 재우가 얻을 수 있는 두 번째로 큰 점수를 구하고, 이때 각각의 라운드에서 공을 몇 개씩 넣었는지 아래 표의 빈 칸에 알맞은 수를 쓰시오. (단, 각 라운드에서 3개 이상 넣었습니다.)

라운드	1	2	3	4	5
넣은 농구공의 개수(개)					

정답 ....

영재교육의 NO.**1**

시대에듀는 **특별한 여러분을 위해**
최상의 학습서를 준비합니다.

코딩·SW·AI 이해에 꼭 필요한

초등코딩
Coding
사고력수학
시리즈

수학을 기반으로 한 **SW** 융합 학습서

초등 **SW** 교육과정 완벽 반영

언플러그드 코딩을 통한 흥미 유발

초등 컴퓨팅 사고력 + 수학 사고력 동시 향상

영재
사고력 수학
단원별 · 유형별
실전문제집

편저 | 클사람수학연구소

초등 3학년

정답 및 해설

시대에듀

이 책의 차례

영재 사고력 수학
단원별 · 유형별 실전문제집

정답 및 해설

경시대회 대비

1 정답 15개

해설 5개의 숫자 0, 2, 5, 6, 8을 이용하여 (한 자리 수)×(한 자리 수)의 결과에서 0이 나오는 경우를 정리하여 표로 나타내면 다음과 같다.

(이때 ◯는 0×2=0을, □는 6×5=30을 나타낸다.)

×	0	2	5	6	8
0	0	⓪	0	0	0
2	0	4	10	12	16
5	0	10	25	30	40
6	0	12	30	36	48
8	0	16	40	48	64

따라서 (한 자리 수)×(한 자리 수)의 결과에서 숫자 0이 나오는 곱셈식은 모두 15개이다.

2 정답 784

해설 □÷157=㉠…㉡에서 나누는 수가 157이므로 나머지인 ㉡의 값 중에서 가장 큰 값은 156이다. 또, ㉠+㉡=160이므로 ㉠=4이다.

따라서 □=157×4+156=784이다.

3 정답 183

해설 삼각형의 한 변에 놓인 네 수의 합이 모두 같으므로

1+2+㉮+㉯=2+3+㉰+㉱=1+3+㉲+㉳

이다. 즉, 1+2=3, 2+3=5, 1+3=4이므로 각각 ㉮+㉯=㉰+㉱+2=㉲+㉳+1을 만족해야 한다.

따라서 ㉮~㉳에 들어갈 수 있는 수를 정리하여 표로 나타내면 다음과 같다.

	㉮, ㉯	㉰, ㉱	㉲, ㉳
가능한 수	6, 8	5, 7	4, 9
	5, 9	4, 8	6, 7

이때 얻을 수 있는 ㉮㉯+㉰㉱+㉲㉳의 값 중에서 가장 작은 값은 68+57+49=174(또는 59+48+67=174)이고, 두 번째로 작은 값은 59+48+76=183이다.

4

정답 □=5, ●=2, △=7

해설
```
      ●  □
  ×   ●  9
  ─────────
   △  ●  □
```
에서 □×9의 결과의 일의 자리 숫자가 다시 □이므로 이것을 만족하는 경우를 찾으면
□=5뿐이다.
```
      4  □
  ×   ●  △
  ─────────
 1  ●  1  □
```
에서 □×△의 결과의 일의 자리 숫자가 □이고 □=5이므로 이것을 만족하는 경우를 찾으
면 5×1=5, 5×3=15, 5×5=25, 5×7=35, 5×9=45이다. 이때 □, ●, △는 서로 다
른 숫자를 나타내므로 5×1=5, 5×3=15, 5×7=35, 5×9=45가 가능하다.
따라서 □와 △를 순서쌍으로 나타내면 (5, 1), (5, 3), (5, 7), (5, 9)이므로 각각의 경우를
두 번째 식에 넣어 계산하여 ●를 구한다.

(i) □=5, △=1인 경우
```
      ●  5
  ×   ●  9
  ─────────
   1  ●  5
```
이므로 이를 만족하는 ●가 없다.

(ii) □=5, △=3인 경우
```
      ●  5
  ×   ●  9
  ─────────
   3  ●  5
```
이므로 이를 만족하는 ●가 없다.

(iii) □=5, △=7인 경우
```
      ●  5              2  5
  ×   ●  9      →   ×   2  9
  ─────────          ─────────
   7  ●  5           7  2  5
```
이므로 ●=2일 때 만족한다.
●=2를 첫 번째 식에 대입하여 풀면
```
         4  5
    ×    2  7
    ───────────
   1  2  1  5
```
이므로 식이 성립한다.

(iv) □=5, △=9인 경우

$$\begin{array}{r} \bullet\,5 \\ \times\ \bullet\,9 \\ \hline 9\ \bullet\,5 \end{array}$$

이므로 이를 만족하는 ●가 없다.

따라서 □=5, ●=2, △=7일 때 주어진 두 곱셈식을 모두 만족한다.

5

정답 (1) 31+33+35+37+39+41
(2) 43+45+47+49+51+53+55

해설 보기 에서 규칙을 찾는다.

(ⅰ) 곱하는 같은 수가 짝수인 경우

그 수를 두 번 곱한 값을 중심으로 주변의 홀수를 더하면 된다. 예를 들어 2×2×2의 경우, 2를 두 번 곱한 값인 4를 중심으로 주변의 홀수 2개를 더한다. 즉, 3+(4)+5이므로 2×2×2=3+5이다. 다음으로 4×4×4의 경우, 4를 두 번 곱한 값인 16을 중심으로 주변의 홀수 4개를 더한다. 즉, 13+15+(16)+17+19이므로 4×4×4=13+15+17+19이다.

(ⅱ) 곱하는 같은 수가 홀수인 경우

그 수를 두 번 곱한 값을 포함하여 주변의 홀수를 더하면 된다. 예를 들어 3×3×3의 경우, 3을 두 번 곱한 값인 9를 포함하여 주변의 홀수 3개를 더한다. 즉, 3×3×3=7+9+11이다. 다음으로 5×5×5의 경우, 5를 두 번 곱한 값인 25를 포함하여 주변의 홀수 5개를 더한다. 즉, 5×5×5=21+23+25+27+29이다.

(1) 6은 짝수이므로 (ⅰ)의 경우에 적용한다.

6×6×6의 경우, 6을 두 번 곱한 값이 36이므로 36을 중심으로 주변의 홀수 6개를 더한다. 즉, 31+33+35+(36)+37+39+41이므로 6×6×6=31+33+35+37+39+41이다.

(2) 7은 홀수이므로 (ⅱ)의 경우에 적용한다.

7×7×7의 경우, 7을 두 번 곱한 값인 49를 포함하여 주변의 홀수 7개를 더한다. 즉, 7×7×7=43+45+47+49+51+53+55이다.

6

정답 진분수: 45개, 가분수: 55개

해설 진분수는 분자가 분모보다 작은 분수이다.

분모가 10일 때 분자는 1부터 9까지 가능하므로 9개, 분모가 9일 때 분자는 1부터 8까지 가능하므로 8개, …, 분모가 3일 때 분자는 1, 2의 2개, 분모가 2일 때 분자는 1의 1개이다.

따라서 만들 수 있는 진분수는 모두 9+8+7+6+5+4+3+2+1=45 (개)이다.

가분수는 분자가 분모와 같거나 분모보다 큰 분수이다.

분모가 1일 때 분자는 1부터 10까지 가능하므로 10개, 분모가 2일 때 분자는 2부터 10까지 가능하므로 9개, …, 분모가 9일 때 분자는 9, 10의 2개, 분모가 10일 때 분자는 10의 1개이다. 따라서 만들 수 있는 가분수는 모두 $10+9+8+7+6+5+4+3+2+1=55$ (개)이다.

7 　**정답**　25가지

해설　(월의 수)×(일의 수)=(연도의 끝의 두 자리 수)를 구하면 다음과 같다.
2024년 달력에서 24가 나오는 경우는
1월 24일, 2월 12일, 3월 8일, 4월 6일, 6월 4일, 8월 3일, 12월 2일의 7가지
2025년 달력에서 25가 나오는 경우는
1월 25일, 5월 5일의 2가지
2026년 달력에서 26이 나오는 경우는
1월 26일, 2월 13일의 2가지
2027년 달력에서 27이 나오는 경우는
1월 27일, 3월 9일, 9월 3일의 3가지
2028년 달력에서 28이 나오는 경우는
1월 28일, 2월 14일, 4월 7일, 7월 4일의 4가지
2029년 달력에서 29가 나오는 경우는
1월 29일의 1가지
2030년 달력에서 30이 나오는 경우는
1월 30일, 2월 15일, 3월 10일, 5월 6일, 6월 5일, 10월 3일의 6가지
따라서 구하는 경우는 모두 $7+2+2+3+4+1+6=25$ (가지)이다.

8 　**정답**
- $4-1-5-2-6-3$
- $4-2-6-3-5-1$
- $5-1-2-4-6-3$
- $5-1-6-4-2-3$
- $6-2-4-3-5-1$

이 중에서 3가지를 찾으면 정답으로 인정한다.

해설　두 번째 원 안의 수가 첫 번째 원 안의 수를 나눌 수 있어야 하므로 첫 번째 원과 두 번째 원 안에 써넣을 수 있는 경우를 순서쌍으로 나타내면 (2, 1), (3, 1) (4, 1), (4, 2), (5, 1), (6, 1), (6, 2), (6, 3)이다. 따라서 이 중에서 가능한 것을 나열하면 다음과 같다.
- $4-1-5-2-6-3$
- $4-2-6-3-5-1$
- $5-1-2-4-6-3$
- $5-1-6-4-2-3$
- $6-2-4-3-5-1$

영재교육원 대비

1

정답 (1) 첫 번째 내보내어진 결과: (57, 46, 43) / 두 번째 내보내어진 결과: (103, 100, 89)

(2) 7

(3) 16

해설 (1) 덧셈 로봇에 (16, 27, 30)을 넣었을 때, 첫 번째 내보내어진 결과는 (27+30, 30+16, 16+27), 즉 (57, 46, 43)이다. 이 세 개의 수를 다시 덧셈 로봇에 넣었을 때, 두 번째 내보내어진 결과는 (57+46, 57+43, 46+43), 즉 (103, 100, 89)이다.

(2) **방법 1**

$(4, 10, 3) \rightarrow (14, 13, 7) \rightarrow (27, 21, 20) \rightarrow (48, 47, 41) \rightarrow (95, 89, 88)$
$\rightarrow (184, 183, 177)$

즉, 마지막에 내보내어진 결과의 가장 큰 수는 184이고 가장 작은 수는 177이므로 두 수의 차는 184−177=7이다.

방법 2

세 개의 수를 크기 순서대로 ㉠>㉡>㉢이라고 하자. 이 세 개의 수를 덧셈 로봇에 넣고 내보내어진 결과는 (㉠+㉡, ㉠+㉢, ㉡+㉢)이다.

이때 가장 큰 수와 가장 작은 수의 차는 ㉠+㉡−(㉡+㉢)=㉠−㉢이다.

위에서 내보내어진 결과의 세 개의 수를 다시 덧셈 로봇에 넣고 내보내어진 결과는 (㉠+㉡+㉠+㉢, ㉠+㉡+㉡+㉢, ㉠+㉢+㉡+㉢)이다.

이때 가장 큰 수와 가장 작은 수의 차는

㉠+㉡+㉠+㉢−(㉠+㉢+㉡+㉢)=㉠−㉢이다.

덧셈 로봇에서 내보내어진 결과의 세 개의 수를 다시 덧셈 로봇에 여러 번 반복해서 넣어도 가장 큰 수와 가장 작은 수의 차는 일정하다.

따라서 (4, 10, 3)을 덧셈 로봇에 넣고 내보내어진 결과의 세 개의 수를 반복해서 덧셈 로봇에 4번 더 넣었을 때, 내보내어진 결과의 가장 큰 수와 가장 작은 수의 차는 10−3=7이다.

(3) 내보내어진 결과의 세 개의 수에서 가장 큰 수와 가장 작은 수의 차는 덧셈 로봇을 반복하는 횟수와 상관없이 항상 일정하다. 그 차는 덧셈 로봇에 처음 넣는 세 개의 수 중에서 가장 큰 수와 가장 작은 수의 차와 같다.

따라서 구하는 값은 24−8=16이다.

2

정답 (1) A=27, B=26

(2) A=1, B=30, C=7 / A=2, B=29, C=8 / A=3, B=28, C=9

해설 (1) 노란색 정육각형의 변에 이어 붙인 6개의 정육각형 안의 수들의 합이 111이므로,
A+B+1+9+13+35=111이다. 즉, A+B=111−58=53이다. 두 수의 차가 1이고, A가 B보다 크므로 A=27, B=26이다.

> **다른 풀이**
>
> 두 수의 차가 1이고, A가 B보다 크므로 B=A−1이다. 이때 노란색 정육각형의 변에 이어 붙인 6개의 정육각형 안의 수들의 합이 111이므로
>
> A+A−1+1+9+13+35=111이다. 즉, A+A=54이므로 A=27, B=26이다.

(2) 노란색 정육각형의 변에 이어 붙인 6개의 정육각형 안의 수들의 합이 각각 111이므로,

A+B+10+22+36+12=111, B+C+22+16+19+17=111이다.

즉, A+B=31, B+C=37이다.

한편, A와 C는 한 자리 수이고, A+B와 B+C의 차는 6, A<C이므로 C−A=6임을 알 수 있다.

A=1일 때 C=7, A=2일 때 C=8, A=3일 때 C=9이다.

A=4일 때 C=10으로 두 자리 수가 되어 성립하지 않는다.

따라서 A=1, C=7일 때 B=30, A=2, C=8일 때 B=29, A=3, C=9일 때 B=28이 된다.

---

3 **정답** (1) 1, 2, 3, 4

(2) 5개

(3) 196개

해설 (1) 문제에 주어진 번호판에서 **규칙** 에 따라 24×★의 값이 두 자리 수 AB가 되어야 하므로 곱해서 두 자리 수가 되도록 하는 ★을 찾아야 한다.

24×1=24, 24×2=48, 24×3=72, 24×4=96, 24×5=120이므로 ★의 값으로 가능한 수는 1, 2, 3, 4이다.

(2) 문제에 주어진 번호판에서 **규칙** 에 따라 7과 두 자리 수 ㄱㄴ을 곱해 두 자리 수 AB가 되어야 한다. 즉, 10부터 차례로 7과 곱해서 두 자리 수가 되는 경우를 찾으면 된다.

10×7=70, 11×7=77, 12×7=84, 13×7=91, 14×7=98, 15×7=105이므로 ㄱㄴ으로 가능한 두 자리 수는 10, 11, 12, 13, 14이다.

따라서 만들 수 있는 번호판은 모두 5개이다.

> **다른 풀이**
>
> 7을 곱해서 100과 가장 가까운 두 자리 수가 되는 값을 찾으면 된다. 14×7=98, 15×7=105이므로 ㄱㄴ으로 가능한 두 자리 수는 10~14이다.
>
> 따라서 구하는 번호판은 모두 5개이다.

(3) **규칙** 에 따라 만들 수 있는 번호판은 ★의 값에 따라 경우를 나누어 구한다.

    (ⅰ) ★의 값이 1일 때

       ㄱㄴ은 10~99가 되고, AB 역시 10~99이다.

    (ⅱ) ★의 값이 2일 때

       ㄱㄴ은 10~49가 되고, AB는 20, 22, 24, …, 98이다.

    (ⅲ) ★의 값이 3일 때

       ㄱㄴ은 10~33이 되고, AB는 30, 33, 36, …, 99이다.

(iv) ★의 값이 4일 때

ㄱㄴ은 10~24가 되고, AB는 40, 44, 48, …, 96이다.

(v) ★의 값이 5일 때

ㄱㄴ은 10~19가 되고, AB는 50, 55, 60, …, 95이다.

(vi) ★의 값이 6일 때

ㄱㄴ은 10~16이 되고, AB는 60, 66, 72, …, 96이다.

(vii) ★의 값이 7일 때

ㄱㄴ은 10, 11, 12, 13, 14가 되고, AB는 70, 77, 84, 91, 98이다.

(viii) ★의 값이 8일 때

ㄱㄴ은 10, 11, 12가 되고, AB는 80, 88, 96이다.

(ix) ★의 값이 9일 때

ㄱㄴ은 10, 11이 되고, AB는 90, 99이다.

따라서 이 나라의 규칙 에 따라 만들 수 있는 번호판은 모두
$90+40+24+15+10+7+5+3+2=196$ (개)이다.

정답 (1) 8가지

(2) ○=5, □=5 / ○=5, □=7 / ○=5, □=9

(3) ○=5, □=7, △=2

해설 (1) 어떤 수 ○와 □를 곱한 결과의 일의 자리 숫자가 ○인 경우는 $2\times6=12$, $4\times6=24$, $5\times3=15$, $5\times5=25$, $5\times7=35$, $5\times9=45$, $6\times6=36$, $8\times6=48$로 8가지이다.

(2) (1)에서 구한 경우에서 어떤 수 ○와 □를 더한 결과의 일의 자리 숫자가 두 수 ○와 □의 차인 경우를 찾으면 된다.

○	2	4	5	5	5	5	6	8
□	6	6	3	5	7	9	6	6
두 수의 합	$2+6$ $=8$	$4+6$ $=10$	$5+3$ $=8$	$5+5$ $=10$	$5+7$ $=12$	$5+9$ $=14$	$6+6$ $=12$	$8+6$ $=14$
두 수의 차	$6-2$ $=4$	$6-4$ $=2$	$5-3$ $=2$	$5-5$ $=0$	$7-5$ $=2$	$9-5$ $=4$	$6-6$ $=0$	$8-6$ $=2$

따라서 어떤 수 ○와 □를 더한 결과의 일의 자리 숫자가 두 수 ○와 □의 차인 경우는
○=5, □=5 또는 ○=5, □=7 또는 ○=5, □=9이다.

(3) 곱셈의 세로식에서 두 자리 수와 십의 자리 수의 곱셈을 이용하여 ○와 □를 구한다.

$$
\begin{array}{r}
\square\ \bigcirc \\
\times \qquad\ \bigcirc \quad\cdots\ \bigcirc \\
\hline
3\ \square\ \bigcirc
\end{array}
$$

어떤 수 ○에 대하여 ○×○의 일의 자리 숫자가 ○이므로 ○=5 또는 ○=6이다.

○=5일 때 □=7이고, ○=6일 때 ㉠을 만족하는 □는 없다.

따라서 ○=5, □=7, △=7-5=2일 때, 다음이 성립한다.

```
        7  5
×       5  7
─────────────
     5  2  5
  3  7  5
─────────────
  4  2  7  5
```

5 [정답] (1)

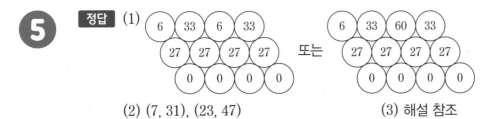

또는

(2) (7, 31), (23, 47)　　　　　(3) 해설 참조

[해설] (1)

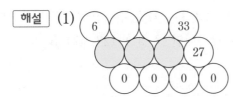

에서 맨 아랫줄 원 안에 들어가는 수가 모두 0이므로 노란색 원 안에 들어가는 수는 모두 27이다.

또, 33과의 차가 27이 되는 수는 33−6=27, 60−33=27에서 6 또는 60이므로 빈 원 안에 들어갈 수를 모두 써넣으면 다음과 같다.

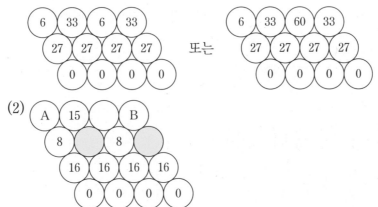

또는

(2)

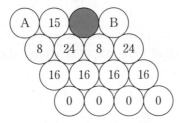

에서 아래에서 두 번째 줄의 원 안에 들어가는 수가 모두 16이므로 노란색에 들어가는 수는 모두 24이다.

에서 파란색 원 안에 들어가는 수를 □라 하면 15와 □의 차가 24이므로 □로 가능한 수는 39임을 알 수 있다. 또,

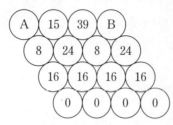

에서 A와 15의 차가 8이므로 A로 가능한 수는 $15-A=8$ 또는 $A-15=8$, 즉 $A=7$
또는 $A=23$이다.

(i) $A=7$일 때

　　$B-A=B-7=24$이므로 $B=31$이다.

　　이때 $39-B=39-31=8$이므로 $A=7$, $B=31$은 주어진 조건을 만족한다.

(ii) $A=23$일 때

　　$B-A=B-23=24$이므로 $B=47$이다.

　　이때 $B-39=47-39=8$이므로 $A=23$, $B=47$은 주어진 조건을 만족한다.

따라서 두 수 A, B를 순서쌍으로 모두 나타내면 (7, 31), (23, 47)이다.

(3) 예시 답안

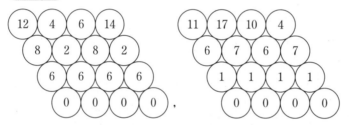

예시 답안 이외에도 규칙을 모두 만족하면 정답으로 인정한다.

6 정답 (1) $\dfrac{4}{5}$, $\dfrac{3}{2}$

　　(2) $\left(\dfrac{1}{6}, \dfrac{6}{1}\right)$, $\left(\dfrac{2}{5}, \dfrac{5}{2}\right)$, $\left(\dfrac{3}{4}, \dfrac{4}{3}\right)$

　　(3) $\left(\dfrac{2}{12}, \dfrac{12}{2}\right)$, $\left(\dfrac{3}{11}, \dfrac{11}{3}\right)$, $\left(\dfrac{4}{10}, \dfrac{10}{4}\right)$, $\left(\dfrac{5}{9}, \dfrac{9}{5}\right)$, $\left(\dfrac{6}{8}, \dfrac{8}{6}\right)$

해설 (1) 아래에 있는 주사위의 앞면에 적혀 있는 눈의 수는 5이고, 위에 있는 주사위의 앞면에

　　적혀 있는 눈의 수는 4이므로 주사위의 앞면에서 만들 수 있는 분수는 $\dfrac{4}{5}$이다.

　　주사위의 마주보는 두 면에 적혀 있는 눈의 수의 합은 7이므로 아래에 있는 주사위의

　　뒷면에 적혀 있는 눈의 수는 2이고, 위에 있는 주사위의 뒷면에 적혀 있는 눈의 수는 3이

　　므로 주사위의 뒷면에서 만들 수 있는 분수는 $\dfrac{3}{2}$이다.

　　따라서 주어진 주사위에서 만들 수 있는 분수는 $\dfrac{4}{5}$, $\dfrac{3}{2}$이다.

(2) 앞면에서 만들 수 있는 분수와 뒷면에서 만들 수 있는 분수 사이의 관계가 서로 $\dfrac{\blacksquare}{\bigcirc}$, $\dfrac{\bigcirc}{\blacksquare}$

인 것은 분자와 분모의 합이 7인 경우이다. 이 경우를 모두 찾으면 $\left(\dfrac{1}{6},\dfrac{6}{1}\right)$, $\left(\dfrac{2}{5},\dfrac{5}{2}\right)$,

$\left(\dfrac{3}{4},\dfrac{4}{3}\right)$이다.

(3) 주사위가 각각 2개씩 있을 때, 앞면에서 만들 수 있는 분수와 뒷면에서 만들 수 있는 분수 사이의 관계가 서로 $\dfrac{\blacksquare}{\bigcirc}$, $\dfrac{\bigcirc}{\blacksquare}$인 것은 분자와 분모의 합이 $7+7=14$인 경우이다.

이 경우를 모두 찾으면 $\left(\dfrac{1}{13},\dfrac{13}{1}\right)$, $\left(\dfrac{2}{12},\dfrac{12}{2}\right)$, $\left(\dfrac{3}{11},\dfrac{11}{3}\right)$, $\left(\dfrac{4}{10},\dfrac{10}{4}\right)$, $\left(\dfrac{5}{9},\dfrac{9}{5}\right)$,

$\left(\dfrac{6}{8},\dfrac{8}{6}\right)$, $\left(\dfrac{7}{7},\dfrac{7}{7}\right)$이다.

이때 $\bigcirc$와 $\blacksquare$는 서로 다른 수이므로 $\left(\dfrac{7}{7},\dfrac{7}{7}\right)$은 제외된다.

또, 분모와 분자가 될 수 있는 주사위의 개수가 각각 2개씩이므로 주사위의 면에 적힌 눈의 수의 합은 2 이상이다. 즉, $\left(\dfrac{1}{13},\dfrac{13}{1}\right)$은 조건을 만족하지 않는다.

따라서 가능한 쌍은 $\left(\dfrac{2}{12},\dfrac{12}{2}\right)$, $\left(\dfrac{3}{11},\dfrac{11}{3}\right)$, $\left(\dfrac{4}{10},\dfrac{10}{4}\right)$, $\left(\dfrac{5}{9},\dfrac{9}{5}\right)$, $\left(\dfrac{6}{8},\dfrac{8}{6}\right)$이다.

7

정답 (1) 60조각
(2) 24조각

해설 (1) 다연이는 친구에게 6조각씩 있는 가로 줄 한 줄을 떼어주었으므로 다연이가 처음 가지고 있던 초콜릿은 가로로 6조각이다.
또, 6조각씩 있는 가로 줄 한 줄을 떼어준 후 남아있는 부분에서 세로 줄 한 줄이 9조각이므로 다연이가 처음 가지고 있던 초콜릿은 세로로 10조각이다.
따라서 다연이가 처음 가지고 있던 초콜릿은 가로로 6조각, 세로로 10조각이므로 모두 $6\times10=60$ (조각)이다.

(2) 다연이는 친구에게 가로 줄 한 줄씩 두 번 먼저 떼어준 후 남아있는 부분에서 세로 줄 한 줄이 4조각이므로 다연이가 처음 가지고 있던 초콜릿은 세로로 $1+1+4=6$ (조각)이다. 또, 4조각씩 있는 세로 줄 한 줄을 다른 친구에게 떼어준 후 남아있는 부분에서 가로 줄 한 줄이 3조각이므로 다연이가 처음 가지고 있던 초콜릿은 가로로 $3+1=4$ (조각)이다.
따라서 다연이가 처음 가지고 있던 초콜릿은 가로로 4조각, 세로로 6조각이므로 모두 $4\times6=24$ (조각)이다.

8

정답 (1) 15 g

(2) 75 g

(3) 18, 24, 34, 42, 43, 45, 54, 67, 70, 76, 79, 81, 97

해설 디지털 숫자를 만드는 데 이용된 막대의 개수를 각각 구하여 표로 나타내면 다음과 같다.

숫자	0	1	2	3	4	5	6	7	8	9
막대의 개수(개)	6	2	5	5	4	5	6	3	7	6

(1) 23과 91의 막대의 개수의 차로 막대 1개의 무게를 구할 수 있다. 23에 이용된 막대의 개수는 $5+5=10$ (개)이고, 91에 이용된 막대의 개수는 $6+2=8$ (개)이다. 즉, 23과 91에 이용된 막대의 개수의 차는 2개이고, 무게의 차가 30 g이므로 막대 1개의 무게는 $30÷2=15$ (g)이다.

(2) 네 자리 수 1234와 5678의 무게의 차를 구하기 위해 각각의 네 자리 수에 이용된 막대의 개수의 차를 구한다. 네 자리 수 1234에 이용된 막대의 개수는 $2+5+5+4=16$ (개)이고, 네 자리 수 5678에 이용된 막대의 개수는 $5+6+3+7=21$ (개)이다.

따라서 막대의 개수의 차는 5개이고, 막대 1개의 무게는 15 g이므로 구하는 무게의 차는 $15×5=75$ (g)이다.

(3) 만든 두 자리 수의 무게가 135 g이고, 막대 1개의 무게는 15 g이므로 두 자리 수를 만드는 데 이용된 막대의 개수는 $135÷15=9$ (개)이다.

즉, 두 자리 수를 만드는 데 9개의 막대가 이용되었으므로 다음의 경우로 나누어 구한다.

(ⅰ) 만드는 데 이용된 막대가 2개, 7개인 숫자로 만들 수 있는 두 자리 수

만드는 데 이용된 막대가 2개인 숫자는 1이고, 7개인 숫자는 8이므로 만들 수 있는 두 자리 수는 18, 81이다.

(ⅱ) 만드는 데 이용된 막대가 3개, 6개인 숫자로 만들 수 있는 두 자리 수

만드는 데 이용된 막대가 3개인 숫자는 7이고, 6개인 숫자는 0, 6, 9이다.

이때 0은 십의 자리 수가 될 수 없으므로 만들 수 있는 두 자리 수는 70, 76, 79, 67, 97이다.

(ⅲ) 만드는 데 이용된 막대가 4개, 5개인 숫자로 만들 수 있는 두 자리 수

만드는 데 이용된 막대가 4개인 숫자는 4이고, 5개인 숫자는 2, 3, 5이므로 만들 수 있는 두 자리 수는 42, 43, 45, 24, 34, 54이다.

따라서 만든 수의 무게가 135 g인 두 자리 수는 18, 24, 34, 42, 43, 45, 54, 67, 70, 76, 79, 81, 97이다.

1 **정답** 19개

해설 다음 그림의 빨간 정사각형을 기준으로 할 때, 찾을 수 있는 크고 작은 정사각형은 다음과 같다.

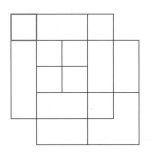

1개의 빨간 정사각형으로 이루어진 정사각형		7개
4개의 빨간 정사각형으로 이루어진 정사각형		7개
9개의 빨간 정사각형으로 이루어진 정사각형		3개
16개의 빨간 정사각형으로이루어진 정사각형		2개

따라서 구하는 정사각형의 개수는 $7+7+3+2=19$ (개)이다.

2 정답 7개

해설 주어진 도형에서 길이가 같은 변끼리 겹쳐지도록 다른 1개의 직각삼각형을 이어 붙여 만들 수 있는 모양은 다음과 같다.

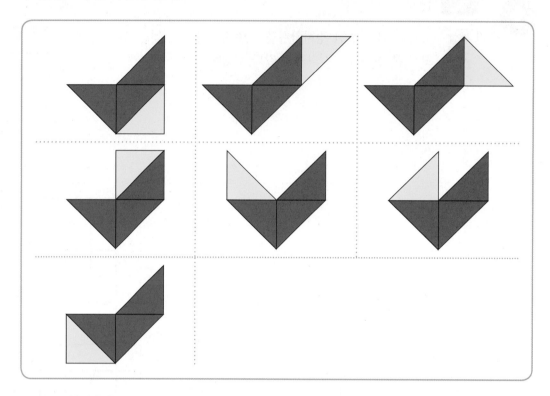

따라서 만들 수 있는 모양은 모두 7개이다.

다른 풀이

주어진 도형에서 길이가 같은 변끼리 겹쳐지도록 다른 1개의 직각삼각형을 이어 붙여야 하므로 붙일 수 있는 자리는 다음과 같이 5개의 자리이다.

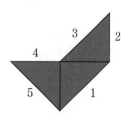

이때 주어진 직각삼각형은 두 변의 길이가 같으므로 2번과 4번 자리에는 2가지 방법으로 직각삼각형을 이어 붙일 수 있고, 1번, 3번, 5번 자리에는 1가지 방법으로 직각삼각형을 이어 붙일 수 있다.

따라서 만들 수 있는 모양은 모두 $2 \times 2 + 3 = 7$ (개)이다.

③ 정답

	6			6		5
			3			
3		5				
	4				6	
4						
	8				6	
				2		
2				4		

, 1개

해설 규칙에 따라 각 칸에 쓰인 수에 맞는 직사각형 또는 정사각형을 그려 나간다. 이때 큰 수를 기준으로 먼저 칸을 나눈 후 작은 수를 맞추어 가면 쉽고 빠르게 구할 수 있다.

또한, 정사각형 모양 조각을 만들 수 있는 수는 4뿐이므로 3개의 모양 조각 중 정사각형이 되는 것은 1개뿐이다.

④ 정답

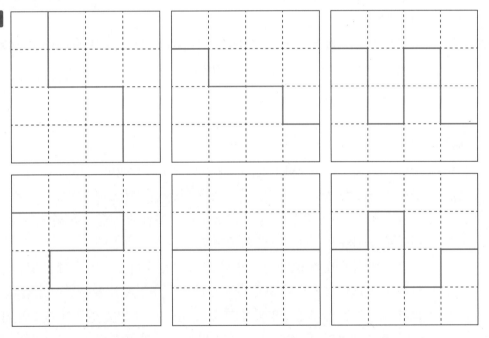

해설 주어진 모눈종이를 모양과 크기가 같은 2조각으로 자르기 위해서는 모눈종이의 가운데 점을 지나야 한다.

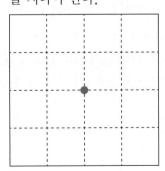

5 정답 504 cm

해설 각 단계별로 가로로 한 줄, 세로로 한 줄씩 원이 추가되고, 이에 따라 각 단계별로 삼각형의 개수도 가로로 한 줄, 세로로 한 줄씩 늘어나게 된다. 특히, 원이 가로로 한 줄 늘어날 때마다 삼각형은 각 줄에 2개씩 늘어나게 된다. 이 규칙에 따라 원의 개수, 삼각형의 개수를 정리하여 표로 나타내면 다음과 같다.

단계	1단계	2단계	3단계	4단계	5단계	6단계
원의 개수(개)	6 (3×2)	12 (4×3)	20 (5×4)	30 (6×5)	42 (7×6)	56 (8×7)
삼각형의 개수(개)	4 (4×1)	12 (($4+2$)$\times(1+1)$ $=6\times2$)	24 (($6+2$)$\times(2+1)$ $=8\times3$)	40 (($8+2$)$\times(3+1)$ $=10\times4$)	60 (($10+2$)$\times(4+1)$ $=12\times5$)	84 (($12+2$)$\times(5+1)$ $=14\times6$)

즉, 6단계에서 만들어지는 삼각형은 84개이다. 이때 반지름이 1 cm인 원을 서로 이어 붙였으므로 삼각형의 한 변의 길이는 2 cm이고, 만들어지는 삼각형은 세 변의 길이가 같은 정삼각형이다.

따라서 겹치는 변은 겹쳐지는 횟수만큼 더해야 하므로 6단계에서 만들어지는 삼각형의 모든 변의 길이의 합은 $84\times(3\times2)=504$ (cm)이다.

6 정답 가: 3 L 100 mL, 나: 6 L 200 mL, 다: 1 L 550 mL

해설 방법 ①의 양동이 가 3번, 양동이 나 2번, 양동이 다 2번 가득 채워 담은 들이와 방법 ②의 양동이 가 4번, 양동이 나 2번 가득 채워 담은 들이가 같다. 따라서 이 두 방법의 각각의 총 들이에서 양동이 가 3번, 양동이 나 2번 가득 채워 담은 들이를 빼면 양동이 가 1번 가득 채워 담은 들이와 양동이 다 2번 가득 채워 담은 들이가 같다.

방법 ①의 양동이 가 3번, 양동이 나 2번, 양동이 다 2번 가득 채워 담은 들이와 방법 ③의 양동이 가 1번, 양동이 나 3번, 양동이 다 2번 가득 채워 담은 들이가 같다. 따라서 이 두 방법의 각각의 총 들이에서 양동이 가 1번, 양동이 나 2번, 양동이 다 2번 가득 채워 담은 들이를 빼면 양동이 가 2번 가득 채워 담은 들이와 양동이 나 1번 가득 채워 담은 들이가 같다.

이때 방법 ①에서 양동이 나 2번은 양동이 가 4번과 같고 양동이 다 2번은 양동이 가 1번과 같으므로 양동이 가를 총 8번 가득 채워 담은 들이다.

따라서 24 L 800 mL를 8로 나누면 양동이 가의 들이는 3 L 100 mL가 된다.

이에 따라 양동이 나의 들이는 양동이 가의 2배인 6 L 200 mL이고, 양동이 다의 들이는 양동이 가의 절반인 1 L 550 mL가 된다.

7 　**정답**　17개

해설　문제에 주어진 방법에 따라 3번 접으면 종이가 총 8겹으로 겹쳐진다. 마지막에 주어진 모양 대로 빨간선을 따라 자르면

(i) 가운데 있는 삼각형은 8개 만들어진다.

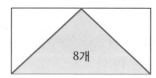

(ii) 오른쪽 부분은 종이가 접히는 부분이므로 8겹이지만 펼치면 4개의 삼각형이 만들어진다.

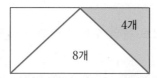

(iii) 왼쪽 부분은 종이가 접히는 부분 3개와 띠의 끝부분 2개로 이루어져 있으므로

$3+2=5$ (개)의 삼각형이 만들어진다.

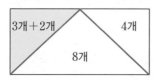

(i)~(iii)에서 만들어지는 삼각형은 모두 $8+4+5=17$ (개)이다.

8

정답 90

해설 주사위를 한 번에 한 칸씩 화살표 방향으로 굴릴 때, 바닥에 닿는 면의 눈의 수를 순서대로 생각해 본다.

첫 번째 칸에 놓인 주사위의 윗면의 눈의 수가 6이므로 바닥에 닿는 면의 눈의 수는 1이다. 다음은 눈의 수가 3인 옆면이 바닥에 닿는다.

그 다음은 눈의 수가 6인 면이 바닥에 닿으며, 그 다음은 눈의 수가 3인 면의 마주 보는 면이 바닥에 닿으므로 바닥에 닿는 면의 눈의 수는 4이다.

다섯 번째 칸까지는 같은 방향으로 굴러가므로 다음은 첫 번째 칸에서 닿아 있던 눈의 수가 1인 면이 바닥에 닿는다.

다음은 주사위의 방향을 바꿔 아래로 굴리므로 눈의 수가 2인 면이 바닥과 닿으며, 그 다음은 눈의 수가 6인 면이 바닥과 닿게 된다.

다시 주사위의 방향을 바꿔 옆으로 굴리므로 눈의 수가 3인 면이 바닥과 닿고, 그 다음은 눈의 수가 1인 면이, 그 다음은 눈의 수가 4인 면이 순서대로 바닥에 닿는다.

이를 나타내며 다음과 같다.

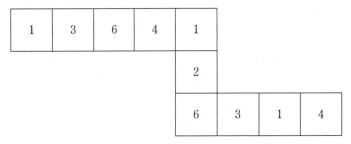

따라서 마지막 칸에서 바닥과 닿는 면의 눈의 수가 4이므로 면 ㄴ의 눈의 수는 3, 면 ㄷ의 눈의 수는 6이다. 면 ㄱ의 눈의 수는 2 또는 5인데, 눈의 수가 4인 면이 바닥에 닿아 있고, 다음은 눈의 수가 6인 면이 바닥과 닿게 되므로 면 ㄱ의 눈의 수는 5가 된다.

따라서 구하는 주사위의 세 면 ㄱ, ㄴ, ㄷ의 눈의 수의 곱은 5×3×6=90이다.

1 **정답** (1) 12 cm

(2) 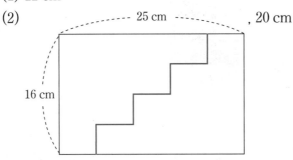, 20 cm

해설 (1) 계단 1단의 높이를 각각 ㄱ, ㄴ, ㄷ이라고 할 때, 정사각형이 되도록 붙이려면 ㄱ 자리에 ㄴ이 오고, ㄴ 자리에 ㄷ이 와야 하므로 ㄱ＝ㄴ, ㄴ＝ㄷ, 즉 ㄱ＝ㄴ＝ㄷ이어야 한다. 따라서 9÷3＝3이므로 계단 1단의 높이는 3 cm로 서로 같아야 한다.

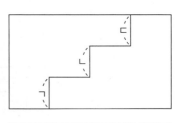

마찬가지 방법으로 계단의 폭을 각각 A, B, C, D라 할 때, A 자리에 B가 오고, B 자리에 C가 오고, C 자리에 D가 와야 하므로 A＝B, B＝C, C＝D, 즉 A＝B＝C＝D이어야 한다. 따라서 16÷4＝4이므로 계단의 폭은 4 cm로 서로 같아야 한다.

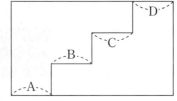

그러므로 정사각형의 한 변의 길이는 $4 \times 3 = 3 \times 4 = 12$ (cm)이다.

(2) 가로의 길이가 25 cm, 세로의 길이가 16 cm인 직사각형을 계단 모양으로 잘라 붙여 정사각형을 만들어야 한다. 계단 1단의 높이를 ☆, 계단의 폭을 □라고 할 때, (16÷☆)×(☆＋1)의 값과 (25÷□)×(□－1)의 값이 서로 같아지도록 하는 자연수 ☆과 □를 찾아야 한다. 이를 만족하는 ☆은 4이며, □는 5이다.

따라서 정사각형의 한 변의 길이는 $4 \times 5 = 5 \times 4 = 20$ (cm)이며, 자른 계단 모양을 그림으로 나타내면 다음과 같다.

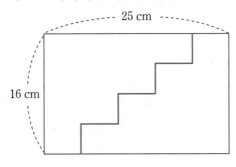

2

정답 (1) ㄱ, ㄱ, ㄴ / ㄱ, ㄴ, ㄷ / ㄱ, ㄴ, ㄹ / ㄴ, ㄷ, ㄷ / ㄴ, ㄷ, ㄹ
이 중에서 2가지를 쓰면 정답으로 인정한다.

(2)
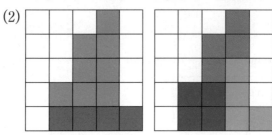

해설 (1) 문제에 주어진 모양에서 채워진 칸의 개수는 11개이고, 모양 조각은 칸이 3~4개로 이루어져 있다. 더해서 11이 되는 경우를 생각해 보면 3+4+4이다. 따라서 유일하게 3개의 칸으로 이루어진 모양 조각 ㄴ은 반드시 사용되어야 하고, 나머지 모양 조각 중 2개를 조합하여 문제에 주어진 모양을 만들면 된다.

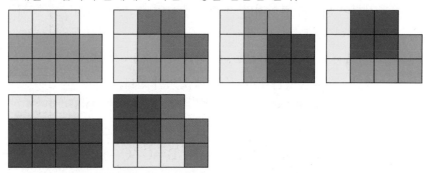

(2) 모양 조각으로 만들어지는 같은 모양의 칸의 수는 4+4+4=4+4+4=12 (칸)이다. 따라서 각각의 3개의 모양 조각을 돌리거나 뒤집어 이어 붙일 때 만들 수 있는 서로 같은 모양을 색칠하여 나타내면 다음 그림과 같다.

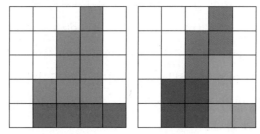

3

정답 (1) 6개
(2) 6개, 해설 참조

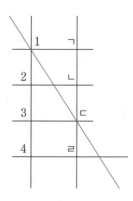

해설 (1) 1개의 도형으로 이루어진 직각삼각형: 3개
2개의 도형으로 이루어진 직각삼각형: 2개
4개의 도형으로 이루어진 직각삼각형: 1개
이므로 찾을 수 있는 직각삼각형의 개수는 6개이다.

(2) 서로 다른 두 점을 이었을 때, 직각삼각형이 만들어지는 경우는 다음과 같은 4가지 경우로 생각해 볼 수 있다.

(ⅰ) 1과 ㄹ (또는 4와 ㄱ)

1개의 도형으로 이루어진 직각삼각형: 2개

2개의 도형으로 이루어진 직각삼각형: 2개

3개의 도형으로 이루어진 직각삼각형: 2개

이므로 찾을 수 있는 직각삼각형의 개수는 6개이다.

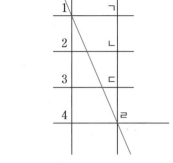

(ⅱ) 1과 ㄷ (또는 2와 ㄹ, 3과 ㄱ, 4와 ㄴ)

1개의 도형으로 이루어진 직각삼각형: 3개

2개의 도형으로 이루어진 직각삼각형: 2개

4개의 도형으로 이루어진 직각삼각형: 1개

이므로 찾을 수 있는 직각삼각형의 개수는 6개이다.

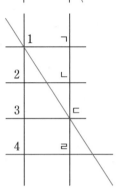

(ⅲ) 1과 ㄴ (또는 2와 ㄱ, 3과 ㄹ, 4와 ㄷ)

1개의 도형으로 이루어진 직각삼각형: 3개

2개의 도형으로 이루어진 직각삼각형: 1개

3개의 도형으로 이루어진 직각삼각형: 1개

5개의 도형으로 이루어진 직각삼각형: 1개

이므로 찾을 수 있는 직각삼각형의 개수는 6개이다.

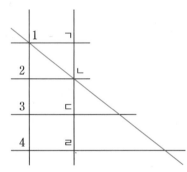

(ⅳ) 2와 ㄷ (또는 3과 ㄴ)

1개의 도형으로 이루어진 직각삼각형: 4개

3개의 도형으로 이루어진 직각삼각형: 2개

이므로 찾을 수 있는 직각삼각형의 개수는 6개이다.

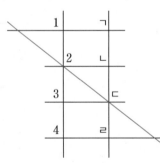

따라서 두 점을 지나는 직선을 그었을 때 만들어지는 크고 작은 직각삼각형의 개수로 가능한 것은 6개이다.

4 정답 (1) 12개

(2) 22개

(3) 15개

해설 찾을 수 있는 직각삼각형을 크기별로 다음과 같이 이름을 붙인다.

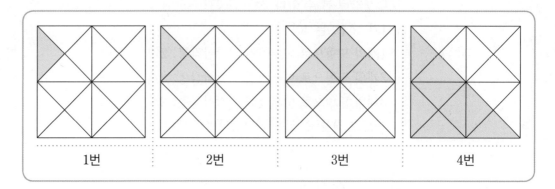

| 1번 | 2번 | 3번 | 4번 |

(1) 1단계에서 찾을 수 있는 직각삼각형은 4번 직각삼각형 2개이다.

2단계에서는 3번 직각삼각형 4개, 4번 직각삼각형 4개를 찾을 수 있다. 즉, 찾을 수 있는 직각삼각형은 모두 8개이다.

3단계에서는 2번 직각삼각형 4개, 3번 직각삼각형 4개, 4번 직각삼각형 4개를 찾을 수 있다. 즉, 찾을 수 있는 직각삼각형은 모두 12개이다.

(2) 5단계에서 찾을 수 있는 크고 작은 직각삼각형은 다음 표와 같다.

모양	1번 직각삼각형	2번 직각삼각형	3번 직각삼각형	4번 직각삼각형
개수	4개	10개	4개	4개

따라서 5단계에서 찾을 수 있는 크고 작은 직각삼각형은 22개이다.

(3) 6단계에서 찾을 수 있는 크고 작은 직각삼각형은 다음 표와 같으므로, 6단계에서 찾을 수 있는 크고 작은 직각삼각형은 29개이다.

모양	1번 직각삼각형	2번 직각삼각형	3번 직각삼각형	4번 직각삼각형
개수	8개	12개	5개	4개

규칙에 따라 선분을 그으면 8단계의 모양은 이다.

8단계에서 찾을 수 있는 크고 작은 직각삼각형은 다음 표와 같으므로, 8단계에서 찾을 수 있는 크고 작은 직각삼각형은 44개이다.

모양	1번 직각삼각형	2번 직각삼각형	3번 직각삼각형	4번 직각삼각형
개수	16개	16개	8개	4개

따라서 6단계에서 찾을 수 있는 크고 작은 직각삼각형과 8단계에서 찾을 수 있는 크고 작은 직각삼각형의 개수의 차는 $44 - 29 = 15$ (개)이다.

다른 풀이

6단계와 8단계에서 찾을 수 있는 직각삼각형을 크기별로 나누어 그 차이를 생각해 본다.

8단계는 6단계에서 두 개의 선분을 더 그었으므로

1번 직각삼각형은 $4 \times 2 = 8$ (개), 2번 직각삼각형은 $2 \times 2 = 4$ (개) 더 찾을 수 있다.

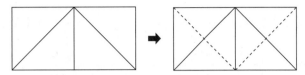

3번 직각삼각형은 다음 그림과 같이 3개 더 찾을 수 있다.

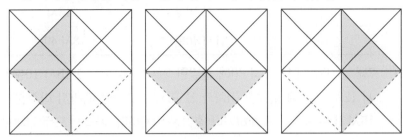

4번 직각삼각형은 6단계와 8단계가 동일하다.

따라서 6단계에서 찾을 수 있는 크고 작은 직각삼각형과 8단계에서 찾을 수 있는 크고 작은 직각삼각형의 개수의 차는 $8+4+3=15$ (개)이다.

5 정답 (1) 5 cm
(2) 48 cm

해설 (1) 다섯 번째 원의 중심과 첫 번째 원의 중심 사이의 거리는 첫 번째 원의 반지름의 길이와 세 번째 원의 반지름 길이의 합과 같다.

따라서 $1+4=5$ (cm)이다.

(2) 첫 번째 원의 중심 ①부터 다섯 번째 원의 중심 ⑤의 위치만 표시하면 다음과 같다.

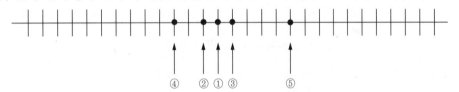

여섯 번째 원의 반지름의 길이는 32 cm이고, 원의 중심은 다섯 번째 원의 중심으로부터 왼쪽으로 16번째 칸에 위치한다.

일곱 번째 원의 반지름의 길이는 64 cm이고, 원의 중심은 여섯 번째 원의 중심으로부터 오른쪽으로 32번째 칸에 위치한다.

여덟 번째 원의 반지름의 길이는 128 cm이고, 원의 중심은 일곱 번째 원의 중심으로부터 왼쪽으로 64번째 칸에 위치한다.

이 관계를 그림으로 나타내면 다음과 같다.

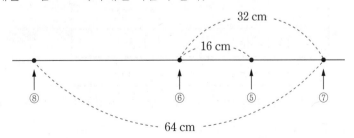

따라서 여덟 번째 원의 중심과 다섯 번째 원의 중심 사이의 거리는 $16+32=48$ (cm)이다.

6 정답 (1)

A 도시에서 B 도시로 가는 기차		B 도시에서 A 도시로 가는 기차	
출발	도착	출발	도착
8시	10시 40분	10시	12시 20분
12시 30분	15시 10분	16시	18시 20분
19시	21시 40분	18시 40분	21시

(2) 7대. A 도시에서 12시 30에 출발한 기차는 B 도시에 15시 10분에 도착한다. A 도시에서 12시 30분에 출발한 기차가 B 도시에 도착할 때까지 마주친 기차는 12시 30분부터 15시 10분 사이에 도착하거나 출발한 기차이다. 따라서 모두 7대이다.

해설 (1) A 도시에서 B 도시로 가는 기차가 이동하는 데 걸리는 시간은 2시간 40분이므로 A 도시에서 8시에 출발한 기차는 B 도시에 10시 40분에 도착한다. B 도시에 15시 10분에 도착한 기차는 도착한 시각에서 2시간 40분을 빼야 하므로 12시 30분에 A 도시에서 출발했다. 또, B 도시에 21시 40분에 도착한 기차는 도착한 시각에서 2시간 40분을 빼야 하므로 19시에 A 도시에서 출발했다.

B 도시에서 A 도시로 가는 기차가 이동하는 데 걸리는 시간은 2시간 20분이므로 B 도시에서 10시에 출발한 기차는 A 도시에 12시 20분에 도착한다. A 도시에 18시 20분에 도착한 기차는 도착한 시각에서 2시간 20분을 빼야 하므로 16시에 B 도시에서 출발했다. 또, A 도시에 21시에 도착한 기차는 도착한 시각에서 2시간 20분을 빼야 하므로 18시 40분에 B 도시에서 출발했다.

(2) A 도시에서 12시 30분에 출발한 기차는 B 도시에 15시 10분에 도착한다. 따라서 12시 30분과 15시 10분 사이에 B 도시에서 A 도시로 가는 기차의 수를 세면 된다.

B 도시에서 A 도시로 가는 기차	
출발	도착
10시	12시 20분
10시 40분	13시
11시 20분	13시 40분
12시	14시 20분
12시 40분	15시
13시 20분	15시 40분
14시	16시 20분
14시 40분	17시
15시 20분	17시 40분

즉, A 도시에서 12시 30분에 출발한 기차가 B 도시에 도착할 때까지 마주친 기차는 총 7대이다.

7 정답 (1) 5, 6, 8, 9

(2) 12가지

(3) 120가지

해설 (1) 문제에 주어진 그림과 같이 시계가 고장이 났을 때, 시계의 숫자가 나타내는 모양은 다음 표와 같다.

숫자	0	1	2	3	4	5	6	7	8	9
시계가 나타내는 모양	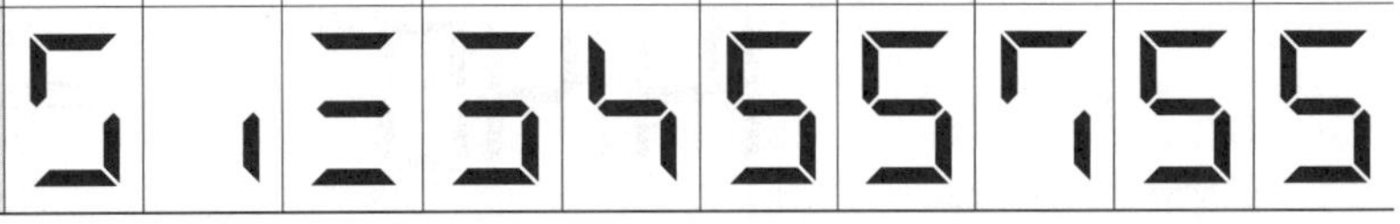 ⊏	ı	ⅎ	Ⴟ	⅄	℄	℄	⅂	Ⴝ	Ⴝ

따라서 같은 모양으로 보이는 경우는 5, 6, 8, 9이다.

(2) 시계 가 와 같이 분을 나타내는 부분의 숫자에 고장이 난 경우 0과 8이 동일하게 보인다. 따라서 13시와 15시 사이에 서로 다른 시각이지만 같은 시각으로 나타나는 경우는 분의 끝자리 숫자가 0 또는 8로 끝나는 경우이다. 표로 나타내면 다음과 같다.

13:00	=	13:08
13:10	=	13:18
13:20	=	13:28
13:30	=	13:38
13:40	=	13:48
13:50	=	13:58
14:00	=	14:08
14:10	=	14:18

14:20	=	14:28
14:30	=	14:38
14:40	=	14:48
14:50	=	14:58

따라서 시계 가 에서 오후 1시부터 오후 3시 사이에 서로 다른 시각이지만 같은 시각으로 나타나는 경우 모두 12가지이다.

(3) 시계 나 는 시간을 나타내는 부분의 숫자가 고장났으므로 오전 6시부터 오후 7시, 즉 19시 전까지 같은 시각이 총 3번 나타나는 경우를 구하려면 '시'만 확인해 보면 된다.

문제 (1)에서 고장난 부분이 8 과 같을 때는 5, 6, 8, 9가 동일하게 보인다는 것을 찾았다. 따라서 '시'만 확인했을 때, 서로 다른 시각이지만 같은 시각으로 나타나는 경우를 찾으면 다음과 같다.

06:00	=	08:00	=	09:00		15:00	=	16:00	=	18:00
08:00		08:00		08:00		18:00		18:00		18:00
06:01	=	08:01	=	09:01		15:01	=	16:01	=	18:01
08:01		08:01		08:01		18:01		18:01		18:01
06:02	=	08:02	=	09:02		15:02	=	16:02	=	18:02
08:02		08:02		08:02		18:02		18:02		18:02
⋮						⋮				
06:59	=	08:59	=	09:59		15:59	=	16:59	=	18:59
08:59		08:59		08:59		18:59		18:59		18:59

따라서 서로 다른 시각이지만 같은 시각으로 3번 나타나는 경우는 6시부터 12시까지에서 60가지, 12시부터 19시(오후 7시) 전까지에서 60가지이므로 모두 60＋60＝120 (가지)이다.

8 정답 (1) 가, 다, 라

(2)

수레 A	수레 B	수레 C
가, 다, 라	나	마, 바
나, 라	가, 다	마, 바
나, 다	가, 라	마, 바
가, 나	나, 다	마, 바
가, 라	다, 라	마, 바

해설 (1) 수레 A에 실을 수 있는 짐의 최대 무게는 20 kg이므로 짐들의 무게의 합이 20 kg을 넘지 않으면서 최대한 가까운 경우를 구하면 된다.

짐	무게 총합
가, 나, 마	20 kg 400 g
가, 다, 라	19 kg 800 g
가, 다, 바	20 kg 100 g
다, 라, 마, 바	20 kg 600 g

따라서 수레 A만을 이용하여 짐을 최대한 무겁게 옮기려고 할 때, 실어야 하는 짐은 가, 다, 라이다.

(2) 수레 C에 짐을 최대한 무겁게 실어야 하므로 10 kg에 최대한 가깝게 짐을 실어야 한다. 이때 짐 라와 짐 마의 무게의 합은 8 kg 900 g이고, 짐 마와 짐 바의 무게의 합은 9 kg 200 g으로 수레 C에 짐을 최대한 무겁게 싣는 경우는 짐 마와 짐 바를 싣는 경우이다. 따라서 수레 C에 짐 마와 짐 바를 싣고, 수레 A, B에 나머지 짐을 나누어 싣는 방법을 생각해 보면 된다. 이때 수레 B에 최대로 실을 수 있는 무게가 수레 A에 최대로 실을 수 있는 무게보다 적으므로 수레 B에 실을 수 있는 짐을 먼저 찾는다. 그리고 나서 남은 짐을 수레 A에 실었을 때 가능 여부를 확인한다.

따라서 이것을 표로 나타내면 다음과 같다.

수레 A	수레 B	수레 C
	가	마, 바
	나	마, 바
	다	마, 바
	라	마, 바
	가, 다	마, 바
	가, 라	마, 바
	나, 다	마, 바
	다, 라	마, 바

↓

수레 A	수레 B	수레 C	가능여부
나, 다, 라	가	마, 바	×
가, 다, 라	나	마, 바	○
가, 나, 라	다	마, 바	×
가, 나, 다	라	마, 바	×
나, 라	가, 다	마, 바	○
나, 다	가, 라	마, 바	○
가, 라	나, 다	마, 바	○
가, 나	다, 라	마, 바	○

1 【정답】 노란색 정사각형 타일: 180개, 파란색 정사각형 타일: 540개, 빨간색 정사각형 타일: 540개

【해설】 문제에 주어진 무늬를 만드는데, 노란색 정사각형 타일은 6개, 파란색 정사각형 타일은 18개, 빨간색 정사각형 타일은 18개 필요하다. 또한, 노란색 정사각형 타일의 한 변의 길이가 20 cm, 빨간색과 파란색 정사각형 타일의 한 변의 길이가 10 cm이므로 이 무늬의 가로의 길이는 150 cm, 세로의 길이는 40 cm이다. 이 무늬를 이용하여 가로 9 m, 세로 2 m인 벽면을 채워야 하므로, 가로에는 $900 \div 150 = 6$ (개), 세로에는 $200 \div 40 = 5$ (개)의 무늬가 필요하다. 즉, 벽면을 채우는 데 필요한 무늬는 모두 30개이다.

따라서 무늬 1개에 노란색 정사각형 타일은 6개가 필요하므로 벽면을 채우는 데 노란색 정사각형 타일은 $30 \times 6 = 180$ (개)가 필요하다.

또, 무늬 1개에 파란색과 빨간색 정사각형 타일은 18개씩 필요하므로 벽면을 채우는 데 파란색과 빨간색 정사각형 타일은 각각 $30 \times 18 = 540$ (개)가 필요하다.

2 【정답】 (1) $128 \div 2 - 8 = 56$
(2) $23 = 48 \div 6 + 3 + 12$

【해설】 서로 붙어있는 육각형을 연결해 다음과 같이 식을 만들 수 있다.

(1)

(2)

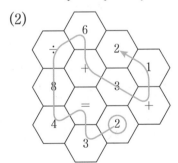

정답 3개

해설 주어진 퍼즐판에 모양 조각을 올려놓을 수 있는 방법은 다음과 같이 총 6가지이다.

이때 서로 다른 방법을 순서대로 A~F라 하고, 각 자리에 알파벳을 써넣으면 다음과 같다.

	A			
A	A B	A C	A D	
A D	B D	B C D	B C D	B C E	C F
	B E	C E F	D E F	E F	F
		E	F		

이때 검은색 블록을 최소로 놓아 모양 조각을 1개도 올려놓을 수 없게 하기 위해서는 A~F 가 많이 겹친 곳에 먼저 검은색 블록을 놓는다. 그리고 놓은 검은색 블록이 A, B, C, D, E, F 모든 구역을 포함하면 된다. 따라서 다음 예시와 같이 총 3개의 검은색 블록을 놓으

면 모양 조각을 올려놓을 수 없다. **예시** 이외에도 3개의 검은색 블록을 놓는 방법은 다양하다.

	A					
A	A B	A C	A D			
A D	B D	B C D	B C D	B C E	C F	
	B E	C E F	D E F	E F	F	
				E	F	

예시 1

	A					
A	A B	A C	A D			
A D	B D	B C D	B C D	B C E	C F	
	B E	C E F	D E F	E F	F	
				E	F	

예시 2

4

정답 7 cm

해설 1단계에서 만들어지는 무늬를 둘러싼 직사각형의 가로의 길이는 반지름 3개의 길이와 같으므로 3 cm이고, 세로의 길이는 반지름 4개의 길이와 같으므로 4 cm이다.

2단계에서 만들어지는 무늬를 둘러싼 직사각형의 가로의 길이는 반지름 4개의 길이와 같으므로 4 cm이고, 세로의 길이는 반지름 6개의 길이와 같으므로 6 cm이다.

이와 같은 과정을 반복할 때, 직사각형의 가로의 길이는 1 cm씩 늘어나고, 세로의 길이는 2 cm씩 늘어난다. 이것을 표로 정리하여 나타내면 다음과 같다.

단계	1단계	2단계	3단계	4단계	5단계	6단계	7단계
가로의 길이(cm)	3	4	5	6	7	8	9
세로의 길이(cm)	4	6	8	10	12	14	16
가로와 세로의 길이의 차(cm)	1	2	3	4	5	6	7

따라서 7단계에서 그려지는 직사각형의 가로와 세로의 길이의 차는 7 cm이다.

다른 풀이

1단계에서 직사각형의 가로와 세로의 길이의 차는 1 cm이고, 매 단계를 지날 때마다 그 차가 1 cm씩 커진다. 따라서 7단계에서 그려지는 직사각형의 가로와 세로의 길이의 차는 7 cm이다.

5 **정답**

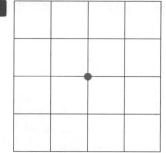

해설 정사각형 모양의 판에 있는 25개의 점에 적히는 수는 새로 적힐 때마다 25씩 더해지는 규칙이다. 예를 들어, 1이 적힌 점에는 26, 51, 76, …으로, (25의 배수)+1인 수가 적힌다.

486이 적히는 정사각형 모양의 판에서 1이 적힌 점에 적히게 되는 수는 25를 곱해서 찾을 수 있다. $25 \times 17 = 425$, $25 \times 18 = 450$, $25 \times 19 = 475$, $25 \times 20 = 500$으로 476이 1이 적힌 점에 적히게 된다.

따라서 476부터 규칙에 따라 수를 이어서 적으면 486은 11이 적힌 점에 적힌다.

6 **정답** 6번

해설 불빛이 모두 꺼져 있는 상태, 켜져 있는 상태, 깜박이는 상태로 만들기 위해 최소 몇 번의 버튼을 눌러야 하는지 구해 본다.

(i) 불빛이 모두 꺼져 있는 상태

불빛이 꺼져 있는 상태로 만들기 위해서는 불빛이 켜져 있는 버튼은 2번, 깜빡이는 버튼은 1번 눌러야 하므로 각각 다음과 같이 눌러야 한다.

따라서 불빛이 모두 꺼져 있는 상태를 만들기 위해서는 $1+1+2+2=6$ (번) 눌러야 한다.

(ii) 불빛이 모두 켜져 있는 상태

불빛이 켜져 있는 상태로 만들기 위해서는 불빛이 꺼져 있는 버튼은 1번, 깜빡이는 버튼은 2번 눌러야 하므로 각각 다음과 같이 눌러야 한다.

따라서 불빛이 모두 켜져 있는 상태를 만들기 위해서는 $1+2+2+1+1=7$ (번) 눌러야 한다.

(iii) 불빛이 모두 깜빡이는 상태

불빛이 깜빡이는 상태로 만들기 위해서는 불빛이 켜져 있는 버튼은 1번, 꺼져 있는 버튼은 2번 눌러야 하므로 각각 다음과 같이 눌러야 한다.

2번   1번 2번 1번 2번

따라서 불빛이 모두 깜빡이는 상태를 만들기 위해서는 $2+1+2+1+2=8$ (번) 눌러야 한다.

(i), (ii), (iii)에서 모두 같은 상태로 만들기 위해 가장 적게 버튼을 누른 방법은 불빛이 모두 꺼져 있는 상태로 만드는 6번이다.

다른 풀이

버튼의 상태가 같은 것이 가장 많은 상태로 만드는 것이 버튼을 가장 적게 누르는 방법이다. 문제에서는 불빛이 꺼져 있는 버튼이 3개, 깜빡이는 버튼이 2개, 켜져 있는 버튼이 2개이므로 불빛이 모두 꺼져 있는 상태로 만드는 것이 제일 적게 버튼을 누르는 방법이다.

따라서 불빛이 모두 꺼져 있는 상태로 만들기 위해서는 불빛이 켜져 있는 버튼은 2번, 깜빡이는 버튼은 1번 눌러야 하므로 $2\times2+1\times2=6$ (번) 눌러야 한다.

7 **정답** 217칸

해설 사물함의 마지막 칸의 번호가 ⑧35이므로 이 사물함은 세로로 8줄, 가로로 35줄 이내임을 알 수 있다.

먼저 세로로 ①부터 ⑧ 사이에 ④가 한 번만 있고, ④를 제외하고 사물함의 칸 수를 세어야 하므로는 실제로는 세로로 7줄임을 알 수 있다. (①, ②, ③, ⑤, ⑥, ⑦, ⑧로 세로로 모두 7줄) 또, 가로로 1부터 35 사이에 4는 4, 14, 24, 34로 총 4번 있으므로 실제로는 가로로 31줄임을 알 수 있다.

따라서 이 사물함은 모두 $7\times31=217$ (칸)으로 되어 있다.

정답 나뭇잎의 개수가 처음으로 200개를 넘을 때: 3주 차 /
처음으로 꽃을 30송이 피웠을 때: 5주 차

해설 신비한 나무의 규칙을 표로 정리하며 해결한다. 7일 차가 될 때마다 나뭇가지가 2개씩 늘어나므로 1일 차에서 6일 차까지 나뭇가지의 개수는 동일하며, 새로 생기는 나뭇잎의 개수는 반복된다.

	나뭇가지의 개수(개)	새로 생기는 나뭇잎의 개수(개)	나뭇잎의 개수(개)
1일 차	3	5×3	15
2일 차	3	3×3	24
3일 차	3	1×3	27
4일 차	3	5×3	42
5일 차	3	3×3	51
6일 차	3	1×3	54

1일 차부터 6일 차까지 새로 생기는 나뭇잎의 개수는
$(5 \times 3 + 3 \times 3 + 1 \times 3) \times 2 = 9 \times 2 \times 3 = 54$ (개)이다.

한편, 7일 차에는 새로 생기는 나뭇잎이 없으므로, 나뭇잎은 한 주가 지날 때마다
$9 \times 2 \times$ (나뭇가지의 개수)만큼이 새로 생기는 것이다.

이와 같은 규칙에 따라 각 주 차별로 새로 생기는 나뭇가지의 개수를 정리하여 표로 나타내면 다음과 같다.

	나뭇가지의 개수(개)	새로 생기는 나뭇잎의 개수(개)	나뭇잎의 개수(개)
1주 차	3	$9 \times 2 \times 3 = 54$	54
2주 차	5	$9 \times 2 \times 5 = 90$	144
3주 차	7	$9 \times 2 \times 7 = 126$	270
4주 차	9	$9 \times 2 \times 9 = 162$	432
5주 차	11	$9 \times 2 \times 11 = 198$	630
6주 차	13	$9 \times 2 \times 13 = 234$	864

따라서 신비의 나무에 나뭇잎의 개수가 처음으로 200개를 넘을 때는 3주 차이다. 또한, 처음으로 꽃을 30송이 피웠을 때의 나뭇잎의 개수는 600개 이상이므로 5주 차이다.

정답 (1) 24단계

(2) 보라색 타일: 36개, 흰색 타일: 28개

(3) 10개

해설 (1) 무늬를 만드는 데 필요한 타일의 개수는 2×2, 3×3, 4×4, …로 늘어난다.

이때 25×25=625 (개), 26×26=676 (개)이므로 타일 630개로 만들 수 있는 가장 큰 무늬는 필요한 타일의 개수가 25×25일 때이며, 이것은 24단계의 무늬이다.

(2) 각 단계에서 필요한 보라색 타일과 흰색 타일의 개수를 정리하여 표로 나타내면 다음과 같다.

단계	보라색 타일(개)	흰색 타일(개)
1단계	3	1
2단계	3	1+5
3단계	3+7	1+5
4단계	3+7	1+5+9
5단계	3+7+11	1+5+9
6단계	3+7+11	1+5+9+13
7단계	3+7+11+15	1+5+9+13

각 단계에서 늘어나는 타일의 개수는 단계의 수와 관련이 있다.

□단계에서

(i) □이 홀수인 경우

보라색 타일의 개수는 □×2+1만큼 늘어나고, 흰색 타일의 개수는 (□−1)단계의 흰색 타일의 개수와 같다. 단, 1단계에서의 흰색 타일은 1개이다.

(ii) □이 짝수인 경우

보라색 타일의 개수는 (□−1)단계의 보라색 타일의 개수와 같다.

흰색 타일의 개수는 □×2+1만큼 늘어난다.

따라서 7단계에서 필요한 보라색 타일은 3+7+11+15=36 (개), 흰색 타일은 1+5+9+13=28 (개)이다.

(3) 9단계에서 필요한 보라색 타일과 흰색 타일의 개수를 (2)의 표에 이어서 구하면 다음과 같다.

단계	보라색 타일(개)	흰색 타일(개)
8단계	3+7+11+15	1+5+9+13+17
9단계	3+7+11+15+19	1+5+9+13+17

따라서 9단계에서 필요한 보라색 타일은 55개, 흰색 타일은 45개이므로 그 개수의 차는 55−45=10 (개)이다.

정답 (1) 흰색 육각형 모양의 LED 블록: 28개, 노란색 육각형 모양의 LED 블록: 16개
(2) 흰색 육각형 모양의 LED 블록, 18개

해설 (1) 육각형 모양의 LED 블록은 이전 단계의 모양을 둘러싸며 그 개수가 증가한다. 또, 이전 단계와 색이 반대로 바뀐다. 즉, 이전 단계에서 흰색은 노란색으로, 노란색은 흰색으로 바뀐다.

1단계에서는 흰색 육각형 모양의 LED 블록이 2개 필요하며, 2단계에서는 1단계의 흰색 육각형 모양의 LED 블록이 노란색 육각형 모양의 LED 블록으로 바뀌므로 노란색 육각형 모양의 LED 블록이 2개, 그리고 주위를 둘러싼 흰색 육각형 모양의 LED 블록이 8개(3+3+1+1) 필요하다.

이 과정을 정리하여 표로 나타내면 다음과 같다.

단계	노란색 육각형 모양의 LED 블록(개)	흰색 육각형 모양의 LED 블록(개)
1단계	0	2
2단계	2	8(3+3+1+1)
3단계	8	2+14(4+4+3+3)=16
4단계	16	8+20(5+5+5+5)=28

즉, 표에서 규칙을 찾으면 노란색 육각형 모양의 LED 블록은 이전 단계의 흰색 육각형 모양의 LED 블록의 개수와 같다. 또, 흰색 육각형 모양의 LED 블록의 개수는 이전 단계의 노란색 육각형 모양의 LED 블록의 개수와 증가하는 규칙의 합과 같다. 이때 증가하는 규칙은 이전 단계에서 가로는 1개씩, 세로는 2개씩 증가하는 규칙이다. 즉, 2단계에서는 가로 3개, 세로 1개 증가하므로 3+3+1+1=8 (개)이고, 3단계에서는 가로 4개, 세로 3개 증가하므로 4+4+3+3=14 (개)이며, 4단계에서는 가로 5개, 세로 5개 증가하므로 5+5+5+5=20 (개) 증가한다.

따라서 4단계 모양에 필요한 흰색 육각형 모양의 LED 블록은 28개, 노란색 육각형 모양의 LED 블록은 16개이다.

(2) (1)에서 찾은 규칙에 따라 6단계 모양까지의 노란색 육각형 모양의 LED 블록과 흰색 육각형 모양의 LED 블록의 개수를 정리하여 표로 나타내면 다음과 같다.

단계	노란색 육각형 모양의 LED 블록(개)	흰색 육각형 모양의 LED 블록(개)
4단계	16	8+20(5+5+5+5)=28
5단계	28	16+26(6+6+7+7)=42
6단계	42	28+32(7+7+9+9)=60

따라서 흰색 육각형 모양의 LED 블록의 개수가 더 많으며, 흰색 육각형 모양의 LED 블록과 노란색 육각형 모양의 LED 블록의 개수의 차는 60-42=18 (개)이다.

③ **정답** (1) A → 다, B → 라, C → 나, D → 가

(2) **예시 답안**

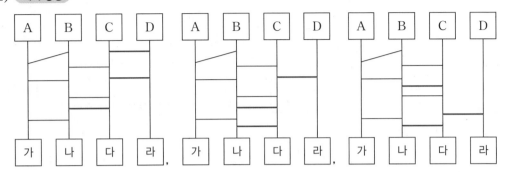

(3) **예시 답안**

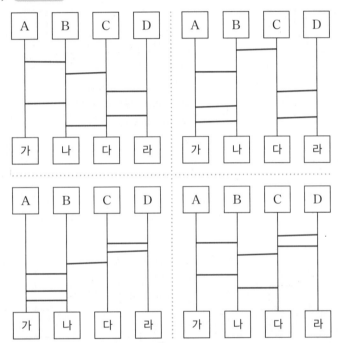

해설 (1) 규칙에 따라 사다리타기 게임을 하면 다음과 같은 과정을 통해 A → 다, B → 라, C → 나, D → 가의 결과를 얻을 수 있다.

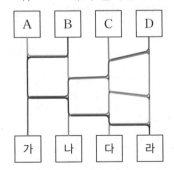

(2) 현재 상태에서 도착하는 결과를 바탕으로 원하는 결과를 만들기 위해 가로선을 추가하면 다음과 같다.

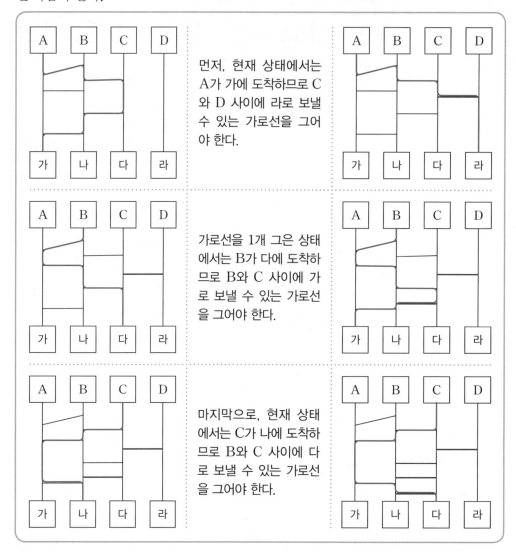

> 먼저, 현재 상태에서는 A가 가에 도착하므로 C와 D 사이에 라로 보낼 수 있는 가로선을 그어야 한다.

> 가로선을 1개 그은 상태에서는 B가 다에 도착하므로 B와 C 사이에 가로 보낼 수 있는 가로선을 그어야 한다.

> 마지막으로, 현재 상태에서는 C가 나에 도착하므로 B와 C 사이에 다로 보낼 수 있는 가로선을 그어야 한다.

다른 풀이

C와 D 사이에는 가로선이 없으므로 C와 D 사이에 가로선은 무조건 1개 이상 있어야 하며, 다음과 같이 3가지 경우가 가능하다.

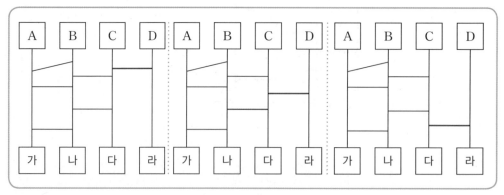

각 경우마다 원하는 결과를 얻기 위해 가로선 2개를 추가로 그으면, 다음과 같은 사다리 모양을 완성할 수 있다.

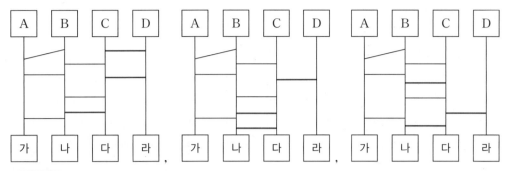

예시 답안 이외에도 같은 결과가 나오는 사다리를 완성했을 경우 정답으로 인정한다.

(3) A와 B 사이, B와 C 사이, C와 D 사이에 적어도 가로선을 1개씩 그어야 하므로 3개의 가로선 사이의 높이 순서에 따라 분류하면 다음과 같이 4가지 경우가 가능하다. 이때 원하는 결과가 나오도록 가로선 3개를 추가로 그으면 된다.

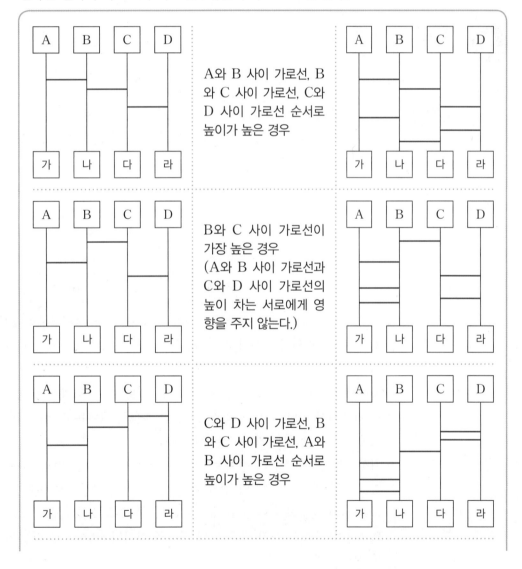

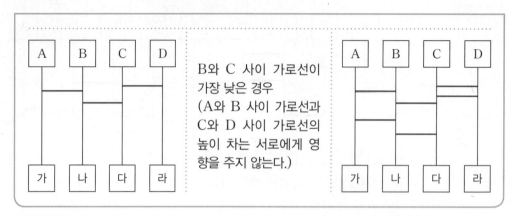

B와 C 사이 가로선이
가장 낮은 경우
(A와 B 사이 가로선과
C와 D 사이 가로선의
높이 차는 서로에게 영
향을 주지 않는다.)

예시 답안 이외에도 같은 결과가 나오는 사다리를 완성했을 경우 정답으로 인정한다.

정답 (1) 31개

(2) 128배

(3) 40 cm

해설 (1) 각 단계에서 찾을 수 있는 크고 작은 원의 개수를 정리하여 표로 나타내면 다음과 같다.

단계	원의 개수(개)
1단계	1
2단계	$1+2=3$
3단계	$1+2+4=7$
4단계	$1+2+4+8=15$
5단계	$1+2+4+8+16=31$

따라서 단계별로 찾을 수 있는 크고 작은 원의 개수를 구하면 1개, 3개, 7개, 15개, 31개, …로 더해지는 수가 2, 4, 8, 16, …의 순으로 앞단계에 더해지는 수의 2배씩 커지는 규칙이다.

따라서 5단계에서 그릴 수 있는 크고 작은 원은 모두 31개이다.

(2) 각 단계에서 그릴 수 있는 가장 큰 원의 지름의 길이는 4 cm로 정해져 있으므로 각 단계에서 그릴 수 있는 가장 작은 원의 지름의 길이를 구하면 된다.

가장 작은 원의 지름의 길이는 그릴 수 있는 가장 작은 원의 개수를 이용하여 구할 수 있다. 예를 들어, 3단계의 경우 가장 큰 원 안에 가장 작은 원을 4개 그렸으므로 가장 작은 원의 지름의 길이는 $4 \div 4 = 1$ (cm)이다. 즉, 3단계에서 그릴 수 있는 가장 큰 원의 지름의 길이는 가장 작은 원의 지름의 길이의 4배이므로 그릴 수 있는 가장 작은 원의 개수와 같다.

이때 단계가 늘어날 때마다 그릴 수 있는 가장 작은 원의 개수는 2배씩 많아지므로, 8단계에서 그릴 수 있는 가장 작은 원의 개수를 표로 정리하면 다음과 같다.

단계	원의 개수(개)
2단계	2
3단계	4
4단계	8
5단계	16
6단계	32
7단계	64
8단계	128

따라서 8단계에서 찾을 수 있는 가장 큰 원의 지름의 길이는 가장 작은 원의 지름의 길이의 128배이다.

(3) 각 단계에서 그릴 수 있는 크고 작은 원의 지름은 처음 큰 원의 지름과 관련이 있다. 예를 들어, 3단계의 경우 지름의 길이가 4 cm인 원 1개, 지름의 길이가 2 cm인 원 2개, 지름의 길이가 1 cm인 원 4개가 있다. 따라서 3단계에서 그릴 수 있는 모든 원의 지름의 길이의 합은 $4+2\times2+1\times4=4+4+4=4\times3=12$ (cm)이다.

즉, 각 단계에서 새로 그려지는 원의 지름의 길이의 합은 가장 큰 원의 지름의 길이인 4 cm가 되므로, 그릴 수 있는 크고 작은 모든 원의 지름의 길이의 합은 그릴 수 있는 원의 크기의 가짓수에 가장 큰 원의 지름의 길이를 곱한 것과 같다.

따라서 10단계에서 그릴 수 있는 크고 작은 원의 크기의 가짓수는 10가지이므로 모든 원의 지름의 길이의 합은 $4\times10=40$ (cm)이다.

정답 (1) 26 cm, 28 cm, 30 cm, 32 cm
(2) 45 cm
(3) 300점

해설 (1) 원의 개수는 각 단계를 거칠 때마다 1개씩 늘어나므로, 1단계는 원을 1개, 2단계는 원을 2개, 3단계는 원을 3개, 4단계는 원을 4개, 5단계는 원을 5개 그려야 한다. 한편, 다음 단계의 첫 번째 원은 앞 단계의 마지막 원의 반지름의 길이보다 5 cm 더 크므로 원의 반지름의 길이를 정리하여 표로 나타내면 다음과 같다.

단계	원의 개수(개)	원의 반지름의 길이(cm)
1단계(5점인 원)	1	5
2단계(4점인 원)	2	10, 12
3단계(3점인 원)	3	17, 19, 21
4단계(2점인 원)	4	26, 28, 30, 32

따라서 2점인 원의 반지름의 길이는 26 cm, 28 cm, 30 cm, 32 cm이다.

(2) 1단계부터 5단계까지 과녁판을 완성했을 때, 이 과녁판의 반지름의 길이는 마지막에 그려지는 원의 반지름의 길이와 같다. 4단계(2점인 원)의 마지막 원의 반지름의 길이가 32 cm이었으므로 5단계에 그려지는 첫 번째 원의 반지름의 길이는 37 cm이다. 이때 같은 단계에서는 원의 반지름의 길이가 2 cm씩 커지므로 반지름의 길이가 각각 37 cm, 39 cm, 41 cm, 43 cm, 45 cm인 원 5개가 5단계에 그려진다.

따라서 마지막으로 그려지는 원의 반지름의 길이인 45 cm가 이 과녁판의 반지름의 길이가 된다.

(3) 게임의 점수는 화살이 맞힌 과녁판의 원의 반지름의 길이와 점수를 곱하므로 나올 수 있는 점수를 정리하여 표로 나타내면 다음과 같다.

단계	원의 개수(개)	원의 반지름(cm)	나올 수 있는 점수(점)
1단계(5점인 원)	1	5	25
2단계(4점인 원)	2	10, 12	40, 48
3단계(3점인 원)	3	17, 19, 21	51, 57, 63
4단계(2점인 원)	4	26, 28, 30, 32	52, 56, 60, 64
5단계(1점인 원)	5	37, 39, 41, 43, 45	37, 39, 41, 43, 45

총 5발을 쏴서 서로 다른 원에 맞혔고, 점수가 제일 높아야 하므로 점수가 높은 것 순서대로 5개를 더하면 된다.

따라서 점수가 높은 순서대로 5개를 나열하면 64점, 63점, 60점, 57점, 56점이므로 이 점수들의 합은 64＋63＋60＋57＋56＝300 (점)이다.

정답 (1) 11가지

(2) 11번

해설 (1) 분자의 규칙은 1부터 2씩 커지다가 21이 되면 다시 2씩 작아지고, 다시 1이 되면 2씩 커지는 규칙이 반복되는 것이다. 분자로 가능한 수는 1과 21 사이의 홀수로, 1, 3, 5, 7, 9, 11, 13, 15, 17, 19, 21의 11가지이다.

(2) 20초 동안 만들어지는 분수의 분자와 분모를 표로 나타내면 다음과 같다.

초	1	2	3	4	5	6	7	8	9	10	11	12	13	14	15	16	17	18	19	20
분자	1	3	5	7	9	11	13	15	17	19	21	19	17	15	13	11	9	7	5	3
분모	21	18	15	12	9	6	3	6	9	12	15	18	21	18	15	12	9	6	3	6

따라서 가분수는 위의 표에서 색칠한 부분으로, 모두 11번 나타난다.

7 정답 (1) ㉠: ☆☆◉◉◉, ㉡: ☆☆☆◉◉◉

(2) 예시 답안

①: ◉☆◉ → ◉☆☆◉ → ◉☆◉◉ → ◉☆☆◉◉ → ◉☆☆☆◉◉ → ◉◉◉◉◉

②: ◉☆◉ → ☆◉☆◉ → ☆◉☆☆◉ → ☆◉☆◉◉ → ☆◉☆☆◉◉ → ☆☆◉☆◉◉
→ ◉◉◉☆◉◉ → ◉◉◉☆☆◉◉ → ◉◉◉◉☆☆◉◉ → ◉◉◉◉◉◉◉

해설 (1) ㉠의 이전 단계인 ☆◉◉◉에서 ☆◉◉◉가 규칙1 에 의해 ☆☆◉◉◉로 바뀐다(㉠). 다음 ☆☆◉◉◉가 규칙1 에 의해 ☆☆☆◉◉◉로 바뀌고(㉡), 마지막으로 규칙2 에 의해 ☆☆☆◉◉◉가 ◉◉◉◉◉로 바뀐다.

(2) 모양을 모두 ◉로 바꾸어야 하므로 규칙2 '☆☆ → ◉◉'를 사용할 수 있도록 규칙 을 적용하여 바꾸어야 한다. 따라서 각 단계에서 사용한 규칙 을 나열하면 다음과 같다.

① ◉☆◉ →(규칙1) ◉☆☆◉ →(규칙3) ◉☆◉◉ →(규칙1) ◉☆☆◉◉ →(규칙1) ◉☆☆☆◉◉ →(규칙2) ◉◉◉◉◉

② ◉☆◉ →(규칙1) ☆◉☆◉ →(규칙1) ☆◉☆☆◉ →(규칙3) ☆◉☆◉◉ →(규칙1) ☆☆◉☆◉◉ →(규칙1) ☆☆◉☆◉◉ →(규칙2) ◉◉◉☆◉◉ →(규칙1) ◉◉◉☆☆◉◉ →(규칙2) ◉◉◉◉◉◉◉

예시 답안 이외에도 같은 결과가 나오도록 규칙을 적용했을 경우 정답으로 인정한다.

8 정답 (1) 19개

(2) 17일 차

해설 (1) 6일 동안 다음과 같은 과정을 거치게 된다.

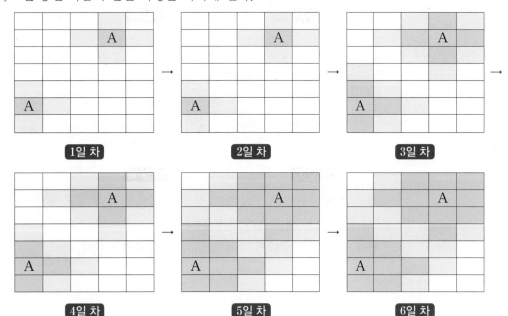

1일 차 2일 차 3일 차

4일 차 5일 차 6일 차

다른 풀이

세균 A의 잠복기는 2일이므로 3일 차에 잠복기였던 세포들은 6일 차에 모두 세균으로 발현될 것이다. 따라서 3일 차의 세균 A가 발현된 세포와 세균 A의 잠복기인 세포를 모두 더하면 된다.

따라서 구하는 세균 A에 발현된 세포 수는 $9+10=19$ (개)이다.

(2) 다음과 같은 과정을 거치면서 마지막 세포 ★이 발현되는 시점은 11일 차이다.

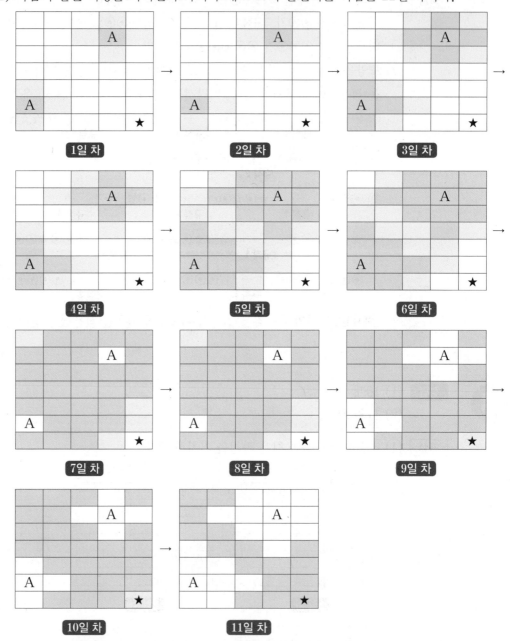

세균 A는 발현된 지 7일 차에 죽게 되므로 마지막 세포 ★이 발현되는 11일 차로부터 7일 차에 모든 세균 A가 죽게 된다.

따라서 세균 A는 17일 차에 모두 죽어 사라지게 된다.

경시대회 대비

1

정답 32시간 40분

해설 겨울 육상 캠프의 기간은 11월 20일부터 12월 21일까지이고, 11월은 30일까지 있으므로 캠프 기간의 요일과 날짜를 정리하여 표로 나타내면 다음과 같다.

월	11	11	11	11	11	11	11	11	11
일	20	21	22	23	24	27	28	29	30
요일	월	화	수	목	금	월	화	수	목

월	12	12	12	12	12	12	12	12	12	12	12	12	12	12	12
일	1	4	5	6	7	8	11	12	13	14	15	18	19	20	21
요일	금	월	화	수	목	금	월	화	수	목	금	월	화	수	목

즉, 캠프 기간 동안 월요일~목요일은 5번, 금요일은 4번 있음을 알 수 있다.

또, 위의 요일을 정리한 표를 이용하여 육상 캠프 기간 동안 요일별 각각의 훈련 횟수를 정리하여 표로 나타내면 다음과 같다.

이때 (월요일~목요일의 훈련 횟수)×5＋(금요일의 훈련 횟수)×4이다.

(단위: 번)

스트레칭	$2 \times 5 = 10$	조깅	$2 \times 5 + 1 \times 4 = 14$
달리기 훈련	$5 \times 5 + 1 \times 4 = 29$	줄넘기	$2 \times 5 = 10$
팀 훈련	$2 \times 5 + 1 \times 4 = 14$	1:1 훈련	$2 \times 5 = 10$
근력 운동	$2 \times 5 + 1 \times 4 = 14$	요가	$2 \times 5 = 10$
점프 훈련	$1 \times 5 + 1 \times 4 = 9$		

가장 많은 횟수로 한 훈련은 달리기 훈련이고, 가장 적은 횟수로 한 훈련은 점프 훈련이다.

이때 가장 많은 횟수로 한 달리기 훈련의 시간을 구하면 월요일에서 목요일까지 2시간 20분씩 3번, 1시간 20분씩 2번하므로 월요일에서 목요일까지 훈련한 시간은 총 7시간＋2시간 40분＝9시간 40분이고, 금요일은 1시간 20분 1번 훈련을 한다. 즉, 캠프 기간 달리기 훈련 시간은 총 9시간 40분×5＋1시간 20분×4＝48시간20분＋5시간 20분＝53시간 40분이다.

또, 가장 적은 횟수로 한 점프 훈련의 시간을 구하면 월요일에서 목요일까지 2시간 20분 1번, 금요일 2시간 20분 1번하므로 총 훈련 시간은 2시간 20분×5＋2시간 20분×4＝11시간 40분＋9시간 20분＝21시간이다.

따라서 캠프 기간 동안 두 훈련의 시간 차는 53시간 40분－21시간＝32시간 40분이다.

다른 풀이

가장 많은 횟수로 한 달리기 훈련은 한 주에 2시간 20분씩 3번, 1시간 20분씩 3번하므로 총 훈련 시간은 7시간＋4시간＝11시간이다.

가장 석은 횟수로 한 점프 훈련은 한 주에 2시간 20분씩 2번하므로 총 훈련 시간은 4시간 40분을 한다.

따라서 월요일부터 금요일까지 두 훈련의 시간 차는 한 주에 11시간－4시간 40분＝6시간 20분씩 차이가 나므로, 처음 4주 동안의 두 훈련의 시간 차는 6시간 20분×4＝25시간 20분이다. 마지막 5주 차는 목요일까지 있으므로 두 훈련의 시간 차는 2시간 20분＋2시간 20분＋2시간 20분＋1시간 20분＋1시간 20분－2시간 20분＝4시간 40분＋2시간 40분＝7시간 20분이다.

따라서 캠프 기간 동안 두 훈련의 시간 차는 25시간 20분＋7시간 20분＝32시간 40분이다.

2

정답 가장 많이 팔린 음식: 햄버거, 가장 적게 팔린 음식: 콜라(소), 팔린 개수의 차: 2332개

해설 주어진 세트 메뉴와 판매된 세트의 개수를 나타낸 그림그래프를 보고 각각의 개수를 구해 표로 나타내면 다음과 같다.

음식 이름	세트 이름	세트 하나당 개수(개)	세트 판매 개수(개)	총 개수(개)
햄버거	홀로 세트	1	432	432
	행복 세트	2	261	522
	커플 세트	2	420	840
	패밀리 세트	4	341	1364
	파티 세트	6	135	810

음식 이름	세트 이름	세트 하나당 개수(개)	세트 판매 개수(개)	총 개수(개)
콜라(대)	홀로 세트	0	432	0
	행복 세트	0	261	0
	커플 세트	1	420	420
	패밀리 세트	2	341	682
	파티 세트	6	135	810

음식 이름	세트 이름	세트 하나당 개수(개)	세트 판매 개수(개)	총 개수(개)
콜라(소)	홀로 세트	1	432	432
	행복 세트	2	261	522
	커플 세트	0	420	0
	패밀리 세트	2	341	682
	파티 세트	0	135	0

음식 이름	세트 이름	세트 하나당 개수(개)	세트 판매 개수(개)	총 개수(개)
감자튀김	홀로 세트	1	432	432
	행복 세트	1	261	261
	커플 세트	1	420	420
	패밀리 세트	2	341	682
	파티 세트	6	135	810

따라서 햄버거는 3968개, 콜라(대)는 1912개, 콜라(소)는 1636개, 감자튀김은 2605개 팔렸으므로 가장 많이 팔린 음식인 햄버거와 가장 적게 팔린 음식인 콜라(소)의 팔린 개수의 차는 3968-1636=2332 (개)이다.

③ 정답

런던	11일 (오전/**오후**) 5시 30분 출발
로스앤젤레스	11일 (**오전**/오후) 9시 00분 출발
뉴욕	11일 (**오전**/오후) 10시 00분 출발
시드니	12일 (**오전**/오후) 6시 30분 출발
파리	11일 (오전/**오후**) 7시 00분 출발

해설 현재 런던을 기준으로 나타내는 세계협정시를 '서울'을 기준 시각으로 시각을 바꾸어 나타내면 다음 표와 같다.

런던	서울기준시 −9	시드니	서울기준시 +2
로스앤젤레스	서울기준시 −17	서울	서울기준시 +0
뉴욕	서울기준시 −14	파리	서울기준시 −8

표를 이용하여 서울에서 12일 오후 3시에 개최하는 회의에 참석하기 위해 각 나라에서 출발해야 하는 시각을 구하면 다음과 같다.

먼저 런던의 경우, 서울보다 9시간이 느리고 런던에서 서울 회의장까지의 이동 시간은 12시간 30분이므로 회의 시작 시간보다 21시간 30분 일찍 출발해야 한다. 이때 오후 3시는 15시와 같고, 12일에 도착하기 위해서는 11일에 출발해야 하므로 런던에서 출발한 시각을 □라 하면 다음과 같은 식이 성립한다.

□+21시간 30분=15시+24시간, □=15시+24시간−21시간 30분,

□=15시+2시간 30분, □=17시 30분

즉, 런던에서 11일 오후 5시 30분에 출발해야 한다.

이와 같은 방법으로 각 도시에서 출발하는 시각을 구하면 다음과 같다.

▶**로스앤젤레스**

□+17시간+13시간=15시+24시간, □=15시+24시간−30시간, □=15시−6시간,

□=9시, 즉 로스앤젤레스에서 11일 오전 9시에 출발해야 한다.

▶**뉴욕**

□+14시간+15시간=15시+24시간, □=15시+24시간−29시간, □=15시−5시간,

□=10시, 즉 뉴욕에서 11일 오전 10시에 출발해야 한다.

▶**시드니**

□−2시간+10시간 30분=15시+24시간, □=15시+24시간−8시간 30분,

□=15시+15시간 30분, □=30시 30분, 즉 시드니에서 12일 오전 6시 30분에 출발해야 한다.

▶**파리**

□+8시간+12시간=15시간+24시간, □=15시+24시간−20시간, □=15시+4시간,

□=19시, 즉 파리에서 11일 오후 7시에 출발해야 한다.

4 정답 예시 답안

서후	5칸씩 8번(앞), 3칸씩 1번(뒤)
지연	7칸씩 6번(앞), 3칸씩 1번(뒤)
재영	7칸씩 4번(앞), 5칸씩 1번(앞)
선재	5칸씩 6번(앞), 7칸씩 1번(앞), 3칸씩 2번(뒤)
지수	5칸씩 6번(앞), 7칸씩 2번(앞), 3칸씩 2번(뒤)

해설 놀이는 이 말판의 1의 위치에서 시작하므로 이동해야 하는 칸의 수는 각각의 말의 위치에서 1을 뺀 수만큼 이동해야 한다.

즉, 서후의 말의 위치는 38이므로 이동해야 하는 칸의 수는 37칸이다.

이름	말의 위치	이동해야 하는 칸의 수
서후	38	37칸
지연	40	39칸
재영	34	33칸
선재	32	31칸
지수	39	38칸

이때 각각의 친구들이 이동하는 방법은 5와 7을 더하고 3을 빼서 이동해야 하는 칸의 수가 되도록 구하면 다음과 같다.

이름	이동하는 방법
서후	5칸씩 8번(앞), 3칸씩 1번(뒤)
지연	7칸씩 6번(앞), 3칸씩 1번(뒤)
재영	7칸씩 3번(앞), 5칸씩 3번(앞), 3칸식 1번(뒤)
선재	5칸씩 6번(앞), 7칸식 1번(앞), 3칸식 2번(뒤)
지수	5칸씩 6번(앞), 7칸씩 2번(앞), 3칸씩 2번(뒤)

예시 답안 이외에도 같은 결과가 나오는 방법을 찾았을 경우 정답으로 인정한다.

1 정답 (1)

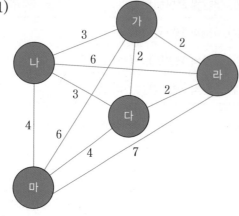

(2) 가 → 라 → 다 → 나 → 마

해설 (1) 가~마 지역의 배송 시간을 바탕으로 그림을 그리면 다음과 같이 나타낼 수 있다.

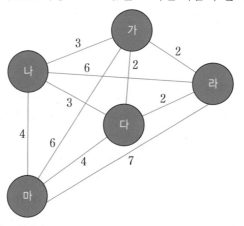

(2) 배송 시간이 가장 적게 걸리는 지역은 가―다, 가―라, 다―라이고, 그 다음으로 가―나, 나―다이며, 그 다음은 나―마, 다―마이다. 배송 시간이 적게 걸리는 지역을 우선으로 연결하는 방법을 생각해 보기 위해 배송 시간이 많이 걸리는 지역 가―마, 나―라, 라―마를 제외하면 다음 그림과 같다.

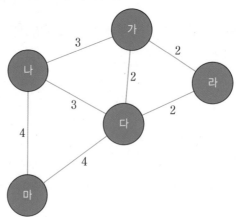

남겨진 길을 이용하여 배송 시간이 적게 걸리는 지역을 우선으로 연결한다.

따라서 가 지역에서 출발하여 가장 빠르게 모든 지역의 택배를 배송하는 방법은 '가ー라ー다ー나ー마'이다.

2 정답 (1) 3000원

(2) 두 번째 방법은 가로로 4줄의 풍선을 모두 터뜨리는 것으로, 이때 풍선은 최소 32개를 터뜨려야 한다. 세 번째 방법은 가로로 3줄, 세로로 1줄의 풍선을 모두 터뜨리는 것으로, 이때 풍선은 최소 25개를 터뜨려야 한다. 네 번째 방법은 가로로 2줄, 세로로 2줄의 풍선을 모두 터뜨리는 것으로, 이때 풍선은 최소 20개를 터뜨려야 한다. 다섯 번째 방법은 가로로 1줄, 세로로 3줄의 풍선을 모두 터뜨리는 것으로, 이때 풍선은 최소 17개를 터뜨려야 한다.

(3) 최대 개수: 5개, 최소 개수: 0개

해설 (1) 3개의 상품을 최소 금액으로 얻기 위해서는 세로로 3줄에 있는 풍선을 12발로 모두 터뜨리는 것이다. 1000원에 5발이고, 5발 단위로 판매되고 있으므로 15발을 구매해야 한다. 따라서 필요한 최소 금액은 3000원이다.

(2) 4개의 상품을 얻을 수 있는 방법은 다음과 같다. 이때 세로줄과 가로줄이 교차하는 부분에 있는 풍선은 중복되므로 제외하고 개수를 세어야 한다.

(i) (예시) 세로로 4줄의 풍선: $4 \times 4 = 16$ (개)

(ii) 가로로 4줄의 풍선: $8 \times 4 = 32$ (개)

(iii) 가로로 3줄, 세로로 1줄의 풍선: $8 \times 3 + 4 \times 1 - 3 = 25$ (개)

(iv) 가로로 2줄, 세로로 2줄의 풍선: $8 \times 2 + 4 \times 2 - 4 = 20$ (개)

(v) 가로로 1줄, 세로로 3줄의 풍선: $8 \times 1 + 4 \times 3 - 3 = 17$ (개)

(3) 풍선을 20개 터뜨렸을 때 얻을 수 있는 상품의 개수가 최대가 되려면 세로줄의 풍선을 터뜨려야 한다. 이 경우 세로로 5줄에 있는 풍선 20개를 모두 터뜨리면 5개의 상품을 얻을 수 있다.

한편, 풍선 20개로 얻을 수 있는 상품의 개수가 최소가 되려면 가로줄, 세로줄 각각의 한 줄에 있는 풍선이 모두 터지지 않도록 해야 한다. 가로로 4줄이므로 5개씩 엇갈려 터뜨리면 된다. 다음 예시 와 같이 풍선을 터뜨리면 상품을 한 개도 얻을 수 없다.

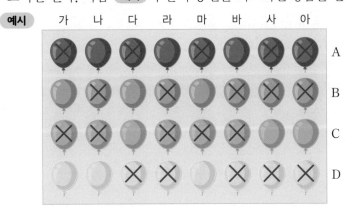

3

정답 (1) 6분

(2) 가 창구: 2명, 나 창구: 1명, 다 창구: 3명 / 업무 처리 시간: 9분

해설 (1) 1번 창구에 2명, 2번 창구에 1명, 3번 창구에 2명의 직원이 있으므로 번호표 순서대로 일을 처리하는 데 걸리는 시간을 정리하여 표로 나타내면 다음과 같다.

창구 ＼ 시간(분)	1	2	3	4	5	6	7	8
1번	가(1번)			가(6번)				
1번	가(3번)							
2번	나(4번)		나(7번)					
3번	다(2번)							
3번	다(5번)							

따라서 업무가 모두 끝나는 데 걸리는 시간은 6분이다.

(2) 각 업무의 개수와 시간을 곱해 차례로 나타내어 본다.

가 업무는 3분이고 5개를 처리해야 하므로 총 15분이 걸리고, 나 업무는 2분이고 3개를 처리해야 하므로 총 6분이 걸린다. 또, 다 업무는 6분이고 3개를 처리해야 하므로 총 18분이 걸린다. 이중에서 가장 시간이 많이 걸리는 다 업무 창구에 직원 3명을 배치하고, 다음으로 시간이 많이 걸리는 가 업무 창구에 직원 2명을, 마지막으로 시간이 가장 적게 걸리는 나 업무 창구에 직원 1명을 배치한다.

창구 ＼ 시간(분)	1	2	3	4	5	6	7	8	9	10	11
1번	가(1번)			가(6번)			가(10번)				
1번	가(2번)			가(7번)							
2번	나(4번)		나(8번)		나(11번)						
3번	다(3번)										
3번	다(5번)										
3번	다(9번)										

따라서 가 창구에 2명, 나 창구에 1명, 다 창구에 3명을 배치하면 업무를 처리하는 데 걸리는 시간은 9분이다.

4 정답 (1) 1010점

(2) 430점,

라운드	1	2	3	4	5
넣은 농구공의 개수(개)	3	3	4	3	4

해설 (1) 각 라운드의 규칙에 따라 연우가 얻은 점수를 정리하면 다음과 같다.

(i) 1라운드: 한 골에 10점이므로 $13 \times 10 = 130$ (점)

(ii) 2라운드: 한 골에 20점이므로 $10 \times 20 = 200$ (점)

(iii) 3라운드: 한 골에 30점이므로 $8 \times 30 = 240$ (점)

(iv) 4라운드: 한 골을 넣을 때마다 10점씩 늘어나므로

$10 + 20 + 30 + 40 + 50 + 60 + 70 = 280$ (점)

(v) 5라운드: 한 골을 넣을 때마다 20점씩 늘어나므로

$10 + 30 + 50 + 70 = 160$ (점)

따라서 연우가 얻게 되는 점수는 모두 $130 + 200 + 240 + 280 + 160 = 1010$ (점)이다.

(2) 재우가 넣은 농구공의 개수는 모두 17개이고, 각 라운드에서 3개 이상 넣었으므로 가능한 경우를 나타내면 (3, 3, 3, 3, 5) 또는 (3, 3, 3, 4, 4)이다.

한편, 각 라운드에서 농구공을 1개~5개 넣었을 때 얻게 되는 누적점수를 정리하여 표로 나타내면 다음과 같다.

라운드 \ 넣은 농구공의 개수	1개	2개	3개	4개	5개
1라운드	10점	20점	30점	40점	50점
2라운드	20점	40점	60점	80점	100점
3라운드	30점	60점	90점	120점	150점
4라운드	10점	30점	60점	100점	150점
5라운드	10점	40점	90점	160점	250점

위의 표에서 4개의 공을 넣었을 때는 3라운드와 5라운드의 누적점수가 높고, 5개의 공을 넣었을 때는 5라운드의 누적점수가 높다는 것을 알 수 있다.

따라서 가장 큰 점수를 얻기 위해서는 5라운드에 가장 많은 5개의 공을 넣어야 하고, 두 번째로 큰 점수를 얻기 위해서는 3라운드와 5라운드에 각각 4개의 공을 넣어야 한다.

라운드	1	2	3	4	5	점수
넣은 농구공의 개수(개)	3	3	3	3	5	$30 + 60 + 90 + 60 + 250 = 490$ (점)
	3	3	4	3	4	$30 + 60 + 120 + 60 + 160 = 430$ (점)

좋은 책을 만드는 길, 독자님과 함께 하겠습니다.

· ·

영재 사고력 수학 단원별 · 유형별 실전문제집 초등 3학년

초 판 발 행	2025년 01월 10일 (인쇄 2024년 10월 31일)
발 행 인	박영일
책 임 편 집	이해욱
편 저	클사람수학연구소
편 집 진 행	이미림
표 지 디 자 인	하연주
편 집 디 자 인	홍영란 · 채현주
발 행 처	(주)시대에듀
출 판 등 록	제10-1521호
주 소	서울시 마포구 큰우물로 75 [도화동 538 성지 B/D] 9F
전 화	1600-3600
팩 스	02-701-8823
홈 페 이 지	www.sdedu.co.kr
I S B N	979-11-383-7610-5 (63410)
정 가	20,000원

초등 **3**학년

영재성검사 창의적 문제해결력 모의고사 시리즈

수학·과학 분야 문제해결력 집중 강화
대학부설·교육청 영재교육원 기출문제 수록

시대에듀와 함께해요!

초등 한국사 완성 시리즈

STEP 1 한국사 개념 다지기

왕으로 읽는 초등 한국사

▶ 왕 중심으로 시대별 흐름 파악
▶ 스토리텔링으로 문해력 훈련
▶ 확인 문제로 개념 완성

연표로 잇는 초등 한국사

▶ 스스로 만드는 연표
▶ 오리고 붙이는 활동을 통해 집중력 향상
▶ 저자 직강 유튜브 무료 동영상 제공

STEP 2 한국사능력검정시험 도전하기

매일 쏙 읽고 쏙 뽑아 싹 푸는 초등 한국사

▶ 초등 전학년 한국사능력검정시험 대비 가능
▶ 스토리북으로 읽고 워크북으로 개념 복습
▶ 하루 2주제씩 한국사 개념 한 달 완성

PASSCODE 한국사능력검정시험
기출문제집 800제 16회분 기본(4 · 5 · 6급)

▶ 기출문제 최다 수록
▶ 상세한 해설로 개념까지 학습 가능
▶ 회차별 모바일 OMR 자동채점 서비스 제공

※ 도서의 구성과 이미지는 변경될 수 있습니다.